KB261841

골목길에서 마주치다

시장통과 처마와 빨랫줄이 간직한 우리들의 타임캡슐

골목길에서 마주치다

이경한 지음

푸른길

●골목길에 우연히 접어들었다.

삶의 현상들을 보다 가까이서 보고자 하는 마음으로 사진기를 들고서 골목길을 드나들기 시작하였다. 골목길을 오가면서 참으로 많은 현상들과 사람들을 만났다. 그들은 새삼스레 나의 삶을 반추해 볼 수 있는 계기도 만들어 주었다. 골목길에 서서 골목에 대해서 생각해 본다. 골목길은 그 공간적 특성과 골목이 주는 이미지, 골목의 추억, 그리고 실존적인 삶의 장소로서의 의미를 지니고 있다.

공간적으로 골목은 좁은 길을 의미한다. 사람들이 다니기에 비좁고 자동차들이 다니기에는 더욱 비좁은 길이다. 최근에는 소방 도로를 내면서 그 폭이 넓어지기도 하였다. 그러나 여전히 골목길은 넓어야 1차로를 겨우 넘나드는 정도의 폭을 가진 길이다. 골목은 가교의 역할을 하는 공간이기도 하다. 공적 공간인 큰길이나 마을길과 사적 공간인 집과의 연계 통로 역할을 감당한다. 골목은 보통 점이지대의 성격을 가진다. "골목은 '집'과 '세계', '우리'와 '남'을 매개하는 중간적(in-between) 공간이다. 집이 거주의 공간이라면 세계는 이동과 변화의 공간이며, 골목은 거주에서 이동으로 혹은 이동에서 다시 거주로 변화하는 존재론적 변환을 완충시키는 일종의 '공간적 범퍼'의 기능을 한다." – 김홍중, 「골목길 풍경과 노스탤지어」, 『경제와 사회』, 봄호, 2008, 146

도시와 촌락의 골목길은 약간 다르기도 하다.

> 도시든 시골이든 골목길은 있게 마련이지만 그 느낌은 조금 다르
> 다. 시골 골목길은 대체로 집들의 마당과 직접 연결되어 있다. 그래
> 서 때로는 주거 공간 역할도 하게 된다. 시골의 골목길이 사방으로
> 트여 있는 반면 도시의 그것은 답답할 정도로 닫혀 있음을 본다. 아
> 무리 그래도 '골목'의 공간적인 의미는 크다.
>
> – 김동성, 「추억의 골목길」, 『도시문제』, 1998, 138~139

●●골목길에는 담과 길이라는 공간 요소가 있다.

담은 별개의 건축 재료, 즉 벽돌, 돌, 흙 등을 종과 횡으로 쌓고 이어서 평면적 공간인 담벼락을 만들어 낸다. 평면인 담벼락은 그 위에 다양한 골목의 삶을 담아내는 중요한 장치가 된다. 그것은 표현의 대상이기도 하고 삶의 요소들을 담아내는 공간이기도 하다. 그리고 담과 담 사이가 길이 된다. 길은 사람들과 물자들의 이동 통로다. 그 길을 통하여 사람도 문화도 함께 들어오고 나가기도 한다. 길은 포장의 재료가 다르고 그 폭이 다르다. 그리고 길은 경사도가 저마다 다르고, 계단의 구조 형태도 다양하다.

골목길은 생존을 위한 개척의 공간이기도 하다. 농촌 지역의 골목길은 경지

와 택지를 개발하고 이를 확장하는 가운데 보다 높은 위치로 후방 개척을
한 결과물이다. 또한 도시에서의 골목길은 "능선에 나지막하게 퍼져 있어야
하며, 한국 전쟁 이후 독재 개발기 때 농촌이 붕괴되면서 대도시로 내몰린
사람들의 군집지이고 별의별 불규칙한 공간의 종합 선물 세트이며, 귀납적
축적의 산물"(임석재, 『서울, 골목길 풍경』, 북하우스, 2006, 8~10)이다. 그래서 골목은
직선이 아닌 곡선의 유형을, 그리고 규칙성보다는 불규칙성을 가지고 있다.
이곳에서 계획은 사치스러운 것이다. 무계획성이 골목길의 본성이다.

●●●골목길은 미적 체험의 이미지를 가진 장소다.

나는 돌담과 계단과 길 등으로 구성된 삶의 현장의 영상미에 관심을 갖고
서 사진 속에 골목길을 담고 있다. 그리고 최근에는 골목길의 문화적 영상
미를 우리 문화의 원형으로 보고 있기도 하다. 사람들이 골목길로 발길을
돌리고 있다. 골목을 경제 개발기 삶의 모습으로 보고 그 골목이 가지고 있
는 좁고 긴 길의 영상미에 의미를 두기도 한다. 그리고 골목의 역사적 이미
지에도 관심을 갖는 사람이 늘고 있다. 골목이 역사적 텍스트인 한옥, 가게,
유물 등과 만나면 역사를 이해하는 장이 된다. 골목길은 우리가 살아온 역
사이자, 문화이며 문화재다. 그곳은 물리적으로도 뛰어난 공간이다(임석재,
2006, 10). 골목은 사람들에게 이미지를 체험할 수 있게 하는 장이 된다.

그래서 최근에는 골목 체험에 관한 각종 프로그램들도 많다. 골목의 경관은 산업화와 도시화가 이루어지면서 점점 사라져 가고 있기 때문에 이에 대한 이미지를 사진으로 찍거나 눈으로 보고 체험할 수 있는 장소로서의 중요성이 부각되고 있다. 골목은 미적 체험을 주는 공간이기에, 골목길 자체의 아름다움을 다음과 같이 표현하기도 한다.

> 골목길이 아름다운 때는 '해질녘, 딸내미 피아노의 똥땅거리는 소리가 들리고, 어머니가 호박 써는 도마 소리가 통통통 울리고, 된장찌개 끓는 냄새가 퍼지고, 가끔 개가 멍멍 짖고, 집 밖에 널어 놓은 빨래가 기분 좋게 말라 가고, 화분 속 꽃도 휴식에 들어가고, 일터로 나간 남편과 아버지를 기다리는 마음이 골목어귀까지 뻗는' 때이다. 재미있게 꺾인 물리적 윤곽 자체도 물론 중요하지만, 그렇게 꺾이는 궁극적 목적은 결국 이런 것들을 담기 위함이었다는 것이 내가 내린 결론이다.
>
> – 임석재, 『서울, 골목길 풍경』, 북하우스, 2006, 16

그리고 골목길은 빠른 교통수단이 다닐 수 없는 곳이어서, 느림에 대한 미학을 가진 공간으로 서술되기도 한다.

골목길에 주목하는 까닭은 골목길 자체의 고즈넉함과 심미적 추억
의 가치만큼이나 골목길이 유지하고 있는 느림의 가치 때문일 것이
다. 느림의 가치에 주의를 기울이면 그것 자체가 속도에 대한 비판
을 포괄하고 있을 것이기 때문이다.
— 최성각,「길에 관한 다섯 가지 허튼소리」,『환경과 생명』, vol.44, 2005, 37

●●●●골목은 미적 공간으로 다시 태어나기도 한다.

최근에는 골목길을 도시의 미적 공간으로 재생하고자 공공 미술의 장으로
활용하기도 한다. 도시 골목의 길과 계단이 시각 미술과 조형 미술의 작품
처럼 되고 있다. 칙칙한 골목에 색깔과 조형물을 입혀서 도시의 생활 미술
공간화를 시도하고 있다. 그러나 어떤 것으로 치장하여도 골목은 골목이다.
오히려 그 치장이 그곳에 사는 사람들을 위한다기보다는 체험과 답사의 장
소로 인식되거나 추억의 장소를 기억하고 있는 자들을 위한 겉치레일 수
있다.

골목길은 추억과 실존이 양립하는 양가감정의 장소다. 골목에서 성장한 경
험을 가진 사람들에게는 추억의 장소가 되고 사회적 소수자들에게는 고단
한 삶을 영위하는 실존적 공간도 된다. 골목은 "사귐을 통하여 타자가 혈육
으로 동화하는 '이웃'의 공간"이다. 이는 골목이 우리 사회에서 소통의 장

이 되고 있음을 말한다. 집에서 나온 사람들이 골목에서 삶을 공유함으로써 우리 사회의 공동체를 형성하는 데 중요한 기여를 한다. 이곳의 주인공은 아이들이다. 어린 시절 동네 꼬마들은 골목에서 팔방놀이, 자치기, 말뚝박기, 비석치기 등의 다양한 공동체 놀이를 하면서 성장기를 보냈다. 그들은 성장하면서 골목을 떠나 새로운 장소를 삶의 장소로 택하였다. 세월이 지나서 골목을 찾는 이들은 골목에서의 추억으로 우수에 잠기기도 한다. 이곳은 향수를 자극하는 곳이자 마음의 고향이다. 그리고 자신들의 추억을 오랫동안 기억할 수 있도록 이 골목이 유지되길 바라기도 한다. 가끔 이곳을 찾는 이들의 감정이다.

그러나 골목은 사회적 소수자이자 가난한 자들의 삶터이다. 가난하고 힘든 삶의 여정이지만 내일의 꿈, 즉 이곳을 기꺼이 떠나겠다는 굳은 마음을 가지고 사는 자들의 삶의 공간이다. 실존자들이 치열하게 삶을 이끌어 가고 있는 곳이다. 하루하루의 일상생활을 통하여 반복되는 삶이 일어나는 곳이며 사회적 모순의 전진 기지이다. 용산 참사와 같이 이곳에 사는 사람들은 절박한 삶을 영위하고 있다. 가난이 재생산되고 있는 이곳에서, 가난한 사람들은 상대적으로 적은 주택 비용을 지불하고서 잠자리와 생활의 터전을 구할 수 있다. 그래서 가난한 사람들은 이 골목길의 언저리에 꼬물꼬물 몰려 산다. 그런데 이곳에 사는 사람들을 회유하는 건축업자와 투기꾼 등은

이 골목을 재개발한다는 미명하에 아파트를 짓고 있다. 더 가난한 사람들은 그래서 이곳을 떠날 수밖에 없다. 그리고 다시 더 깊은 골목을 찾아 떠날 것이다. 이렇듯 골목은 사회적 모순으로 인한 삶의 양태가 그대로 투영된 장소다.

가난해도 삶은 이어 가야 한다. 그래서 이 골목에도 일상적인 삶이 펼쳐진다. 그리고 그 일상의 단면들이 골목길에 다음과 같은 모습으로 투영되어 나타난다.

그 길모퉁이에서 우리가 되찾게 되는 것들은 무엇일까? 언제나 한가로운 길모퉁이 찻집, 쌀가게 앞에 서 있는 낡은 짐자전거, 온종일 문가에 나앉아 안경 너머로 지나가는 사람들을 건너다보는 할아버지, '소변 금지'라고 쓰여 있는 담벼락, '주차 금지'라고 쓰여 있는 길바닥, 드문드문 서 있는 외등 …… 골목을 들어서는 순간, 우리는 익명의 존재에서 벗어나 자신의 실존을 되찾는다.

– 심재상, 「골목길」, 『풀씨 4집』, 13~14; 최성각, 「길에 관한 다섯 가지 허튼소리」, 『환경과 생명』, vol.44, 2005, 38에서 재인용

●●●●●골목길은 우리의 삶 속에서 다양한 함의를 지닌 텍스트임에 틀림없다.

이런 골목길을 답사하는 것은 양가감정을 불러일으킨다. 나는 골목에서 아스라이 추억을 떠올리면서도 그곳에 사는 사람들의 고단한 삶을 목도한다. 재래시장 골목, 여관 골목, 상가 골목, 주택가 골목, 공구상 및 금은세공업 골목, 홍어 포구 골목, 돌담 골목, 마을 골목 등을 찾아다닌다. 도시의 골목길에서 삶의 질긴 현장들을, 그리고 농촌의 마을 길에서 자연에 적응한 농촌의 지혜와 전통적인 공동체 문화의 원형 등을 볼 수 있다. 이곳 골목길에서 살펴본 현상과 삶의 모습들은 여느 골목에서도 볼 수 있을 만한 것이다. 여기서 본 것을 또 다른 곳의 골목에 대입시켜 볼 수 있다. 골목에서의 삶은 아마도 고만고만할 듯하지만 골목 나름대로의 특성을 지니고 있다. 같은 듯 하지만 서로 다른 현상들을 담은 골목을 보다 애정 어린 눈빛으로 바라볼 수 있기를 바란다.

여기서 본 골목길은 일반적인 골목길의 정의보다는 다소 넓다. 도시의 골목은 소방 도로 정도의 너비를 지니고 있다. 그리고 농촌은 골목길과 마을 길의 혼합 상태라고 볼 수 있다. 그러나 두 경우 모두 길이라는 생태 경관 속에서 삶의 모습을 보여 주기에 충분하다. 길들은 때로 아주 좁게, 혹은 다소 넓게 탄력적인 폭을 보이면서 우리의 삶을 안내하고 있다. 물리적인 폭에 관심 두기보다는 상대적으로 좁은 길 속에서 펼쳐지는 우리네 소시민들의 삶의 원형질을 볼 것이다. 그 원형질이 골목의 문화로 그리고 질긴 생명력으로 구체화되고 있는 골목에 서서, 기층민들을 생각해 보는 계기를 만들어 보길 바란다.

골목을 오가면서 골목의 현상들을 타자의 시선으로 바라봄에 한계가 있음도 인정한다. 그 한계를 알면서도 골목에서 보이는 것들을 중심으로 그곳에 대한 기록을 남기고자 하였다. 농촌과 도시의 작은 골목을 카메라에 담고자 할 때, 다양한 표정으로 마음을 나누어 주던 모습들이 기억에 남는다. 실존의 공간인 골목에서 삶을 영위하는 사람들과 그들이 만들어 낸 현상들에 보다 깊은 의미를 담고 싶다. 이 책을 통해서 삶이 구체적으로 일어나는 현장이자 그 안에서 사람들의 삶이 빚어 낸 골목 경관 및 현상들에 대해 보다 가까이 그리고 보다 진지하게 바라볼 수 있길 바란다.

골목길,

그 희미한 가로등 아래서 함께 서성였던

도리반 친구들에게 드립니다.

차 례
골목길에서
마주치다

01

시장과 여인숙이
동거하는 골목

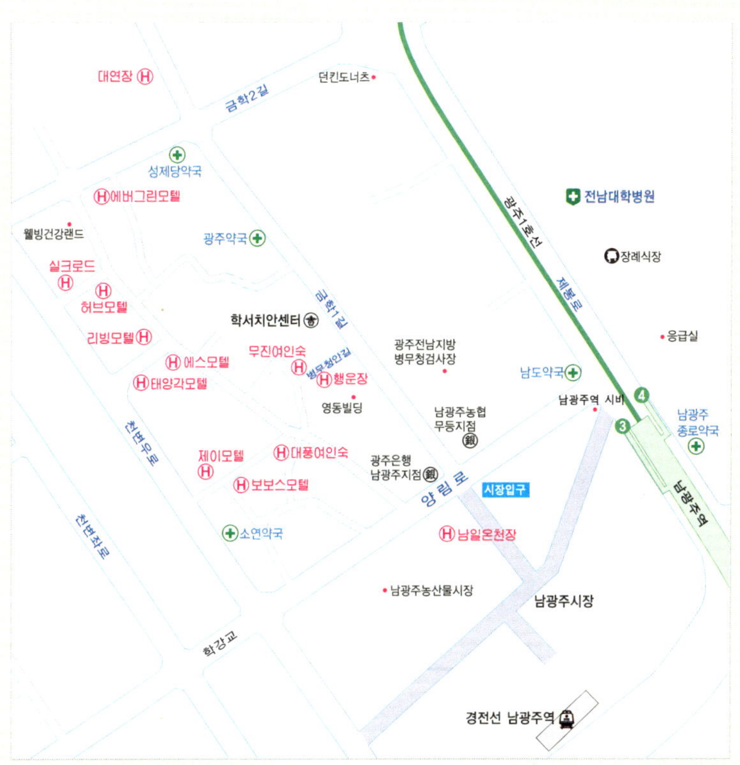

여인숙, 장, 모텔이 같은 하늘을 머리에 지고 옹기종기 모여 있는 곳.

그 옛날 희망을 찾아 경전선을 타고 남광주역으로 모여든

사람들에게 작은 잠자리를 나누어 주던 곳.

그곳의 이름은 광주광역시 남광주역 병무청안길이다.

시장과 여인숙이 동거하는 거리가
있다. 사람들이 물건을 이고 지고 모
이는 시장과, 다시 그들을 받아들이
는 작은 여인숙이 있는 골목이다. 기
차가 지나는 곳에는 기차가 머무는
역이 있게 마련이다. 기찻길이 다른
곳으로 가도 기차역은 남는 법이다.
남광주(南光州) 역도 마찬가지다. 도
심을 지나던 철길이 멀리 도시를 돌

남광주역 시비

아가면서 역사(驛舍)만 남았다. 이곳은 경전선이 지나던 곳으로서 지금
은 기차 한 량만 남아서 과거에 이 장소가 역사였음을 보여 준다. 그리고
남광주 역이 호황을 누렸을 때 역 근처에 삼삼오오 사람들이 몰려들어
시장이 만들어지고, 시장이 만들어지니 여인숙이 생겨났다. 남광주 역
앞의 2차선 도로를 넘으면 여인숙이 모여서 만들어진 골목길이 있다. 이
거리에서는 역과 여인숙과 시장이 만나는 골목과 그 골목에서의 삶을 볼
수 있다.

사람들이 모여서 생활하는 곳은 다양한 조건하에서 오랜 시간을 거치
면서 장소의 특성을 형성해 가기 마련이다. 이곳 골목에 큰 영향을 준 인
자들로는 관공서, 기차역, 신작로 및 대형 기관을 들 수 있다. 관공서로
는 병무청이, 기차역은 남광주 역(최근에는 남광주 지하철역)이, 신작로
는 담양으로 이어지는 국도와 대형 기관은 전남대병원이 있다. 이들이
서로 영향을 주어 상승 작용을 하면서 이곳의 시장과 골목은 확대 재생

◎ 남광주역 기차　　　　　　　　　　　　◎ 남광주역 안내판

산되는 과정을 거친다.

　먼저, 광주광역시 북구의 전남대병원 오거리에서 남광주 방향으로 100여 미터를 가면 횡단보도가 있다. 그 횡단보도에서 우회전을 한 후 50여 미터를 지나면 병무청이 보인다. 병무청이 있어서 그 길의 이름도 병무청 안길이라고 불린다. 아마도 병무청 샛길이라고 불러야 더 적확한 표현일 게다. 1935년에 설립된 병무청은 이 거리에 큰 영향을 주게 되었다. 병무청은 일제 강점기에 조선인을 강제 징병하던 곳이다. 그리고 격변의 시대에 살기 어려워 밥 세끼라도 먹으려고 일본의 용병이 되고자 하는 사람들을 모으던 곳이다.

　다음으로 이곳에는 남광주 역이 있다. 이 역은 1936년에 개설되어 호남과 영남을 이어 주는 역할을 하고, 일제 수탈의 통로 역할을 했던 경전선이 지나던 곳이다. 사람이 모이면 먹을 것도 필요한 법이어서 자연스레 그 역전에는 시장이 형성되었다. 시장은 그 세력을 키워 가면서 1975

년에 남광주 시장으로 개설되어 안정적인 상권을 형성하기 시작하였다. 다음으로 이곳에는 전남대학병원이 있다. 병원을 중심으로 환자, 간병인, 병문안자, 직원 등 많은 사람들이 오간다.

이렇게 형성된 이 지역은 광주시역 확대로 도심 지역이 되면서 남광주 역도 2000년에 그 기능을 효천 역으로 넘겨 주게 된다. 남광주 역을 지나던 경전선의 철로는 도시 외곽으로 빠져나갔다. 그러나 남광주 역은 땅 위의 시대를 넘겨 주고 땅 아래의 지하철 남광주 역으로 거듭나고 있다. 기차는 땅 위로든 땅 아래로든 달려야 맛인데, 남광주 역은 여전히 그 역할을 수행하고 있다. 남광주 역 주변은 광주의 구도심으로 변하면서 상권이 약해지고 있지만, 광주시 동구청의 노력으로 시장 내부를 리모델링하고 햇볕이나 비를 가리기 위한 차양 천막을 설치하는 등 현대식으로 변신하였다.

남광주역의 시장과 주변 지역 중에서 가장 중요한 거리는 시장길과 병무청안길이라는 골목이다. 병무청안길을 중심으로 한 주변의 골목은 크게 시장통길, 그리고 병무청안길과 금문3길로 나누어 볼 수 있다.

먼저, 시장통길은 남광주 시장이라는 대형 상호가 먼저 눈에 들어온다. 그 시장 입구의 오른쪽에는 2차선 도로가 있다. 길가의 왼쪽에는 남광주시장의 상가가, 그리고 오른쪽에는 행상인들로 이루어진 노점 상가가 형성되어 있다. 길은 입구에서부터 바닥에 물기가 가득하다. 생선 가게에서 도로에 버린 얼음과 물이 이 길을 지나다니는 차량의 바퀴에 묻어 그 세력을 펼쳐 갔다. 그래서 도로는 물기로 가득하다. 물기의 흔적은 인도에도 존재한다. 도로를 넘나드는 사람들이 신발 바닥에 물을 적셔서 인도에 큰 흔적을 남기고 다닌다. 할리우드 스타도 아닌데, 온 인도에 풋 프린트(foot print)를 남긴다. 물건을 파는 사람의 발자국보다는 물건을 사러 온 사람들의 발자국이 더 많을 것이다. 시장의 권력 구조에서 고객은 상인보다 우위에 위치한다. 상인은 자리를 잡고 있고, 손님은 자리 잡고 있는 상인들을 찾아다니기 때문이다. 신발 바닥의 모양에 따라서 그 모습도 다양하다. 시장의 인도는 각자의 삶의 현장에서 나름대로 한가락 하는 사람들로 가득하다. 어느 신발을 신고 다니든지 저마다 땅을 딛고 사는 사람들의 족적이 아름답다.

상가 도로에는 상인이 있다. 거리에 홈리스(homeless)가 있다면, 가게를 갖고 있지 못한 숍–리스(shop-less)인 노점상이 있다. 노점상은 상대적으로 이동이 자유롭지만 사람들의 동선과 가까운 곳에 자리를 잡기 위한 경쟁이 치열하다는 어려움이 있다. 흔히 노점상은 길가에 자리 잡고

◐ 시장 입구 | ◐ 시장 내부

물건을 파는 사람을 일컫는다. 국어사전에서는 노점상을 노점을 벌여 놓고 하는 장사나 그 사람으로 정의하고 있다. 노점상이 우리에게 혼돈을 주는 것은 한자 표기일 것이다. 로 자가 길 로(路)가 아닌 이슬 로(露)가 맞는 표현이다. 그래서 노점상은 새벽이슬을 맞는, 즉 가게를 가지지 못한 상인을 말한다. 찬이슬을 맞으면서 시장거리에서 장사를 하지만, 그들에게는 꿈이 있다. 그리고 해학이 있다.

남광주 상가에 들어서자마자 빛바랜 파라솔을 비스듬히 꽂고서 과일 좌판을 벌여 놓은 사람이 있다. 그는 휴대용 간이 의자에 누운 듯 앉아서 손님을 맞는다. 그는 노점상(露店商)이다. 노상에서 노인은 해탈의 경지에 이른 듯 너스레를 떨면서 장사를 하고 있다. 그가 파는 물건들은 화려하지도 않다. 소시민들이 평소에 먹을 만한 것을 가져다 팔고 있다. 지나가는 손님에게 물건을 하나라도 더 팔려는 서두름도 없다. 그냥 편하게 낚시용 간이 의자에 드러눕듯 앉아서 오가는 사람들이 벌여 놓은 좌판에

노점

눈길을 주길 바라고 있을 뿐이다. 그는 주로 과일을 팔고 있다.

그의 가게에서 파는 물건 중에서 눈에 띄는 것이 있다. 어릴 적 가지고 놀았던 노란 탱자다. 탱자를 한 꾸러미씩 빨간 망에 담아 팔고 있다. 그 탱자를 누가 사다 먹느냐고 물으니, 탱자는 먹는 것이 아니라 약재로 사용한다고 한다. 완도에서 바닷바람과 태풍을 맞고서 광주로 올라온 탱자라 질이 좋다고 한다. 이어서 탱자 자랑이 이어졌다. 탱자는 광양에서 주로 오고, 순천과 벌교에서는 올라오지 않는다고 한다. 그곳에서는 유자가 나온다. 유자가 북쪽으로 올라오면 탱자가 된다는 말이 실감난다. 탱자는 술을 담글 수도 있고, 엑기스로 만들어 코로 들이마시면 비염과 축농증을 치료하고, 환절기 때는 아토피에 좋고, 목욕물에 타서 목욕을 해도 좋고, 그 꽃은 여드름에 좋다고 자랑한다.

약효 자랑에도 불구하고 나는 노란 탱자에만 눈길이 머문다. 탱자는 추억을 불러 일으킨다. 어린 시절에 탱자나무 가시 틈으로 손을 넣어 탱자를 따던 기억이 있다. 탱자를 움켜쥐고 손을 빼다가 가시에 많이 찔리기도 했다. 탱자는 비바람을 맞아 가며 크기 때문에 묵은 먼지가 가득 쌓여 있다. 이것을 없애는 방법은 호박잎으로 탱자를 열심히 닦는 것이다.
탱자를 손으로 박박 문지르면 호박잎에서 나오는 진액과 거친 잎이 마찰
을 일으켜서 묵은 때가 벗어지고 노란 제 색이 드러난다. 이 탱자로 구슬
치기도 하고 집에 두어 방향제로도 사용했다. 탱자는 시간이 지나면 마
르고 쪼그라들어 보기 흉하게 상해 간다.

　탱자 장사를 지나 안쪽으로 조금 들어가면 생선 가게들이 눈에 들어온
다. 조개류를 잔뜩 내놓고 물건을 판다. 갯벌의 진흙을 몸에 바르고 뭍으
로 나와서 입을 벌리고 힘들어 하는 꼬막이 있다. 당연히 기차 타고 벌교
에서 온 줄 알았지만, 가게 주인의 대답이 의외다. 일본산이라고 한다.
꼬막의 여행이 안타깝다. 꼬막은 일본에서 출발하여 벌교로 들어와 다시
남광주 시장으로 온다고 한다. 꼬막하면
벌교였는데, 이젠 아닌 모양이다. 바지락
도 보인다. 바지락을 푸는 조리라는 도구
가 이채롭다. 바지락은 한 조리씩 판다.
1kg에 4,000원이다. 그리고 어물전 망신
을 시킨다던 꼴뚜기도 낯을 세운다. 어물
전에서 볼 수 있는 생선은 모두 있다. 시
장 통로를 사람들을 따라 걸어서 조금 안

❍ 시장 안의 어물전
❍ 시장의 어패류와 생선
❍ 꼬막 가게

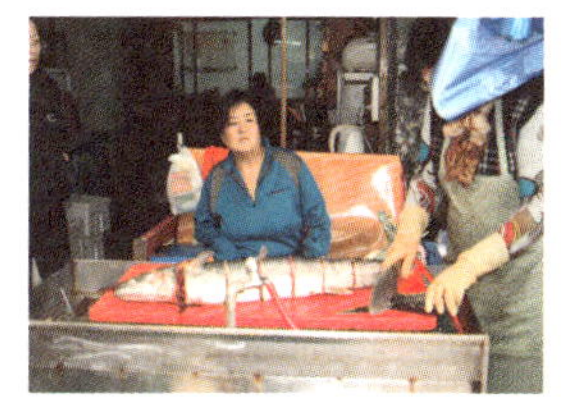

시장 상인

쪽으로 들어가면 꽃게를 파는 가게가 있다. 가게 주인은 50년 동안 먹고 살기 위해 야채 장사, 과일 장사 등 안 해본 것이 없다고 한다. 그 가게의 꽃게 파는 통에 새우깡이 떠 있는 모습이 눈에 띄었다. 왜 그 안에 새우깡을 넣어 놓았냐고 물으니, 꽃게의 거품을 없애기 위함이란다. 새우깡이 게의 거품을 먹어치우는 형국이다. 이런 모습은 꽃게나 미꾸라지 같은 거품을 내는 생선을 파는 가게에서 쉽게 볼 수 있다.

시장 안쪽을 지나면 남광주 역이 있다. 이제 기차는 다니지 않고 전시용 기차 한 량만 그곳을 지키고 있다. 옛날 사람들은 경전선을 타고서 보성, 벌교, 순천 같은 남쪽지방에서 해물이나 산나물이 든 봇짐을 들고 물건을 팔러 오거나, 그곳으로 물건을 사러 갈 때에 남광주 역을 이용했다. 그 과거의 영화를 효천 역에 넘겨 주고, 남광주 역임을 알리는 안내판만 플랫폼(platform)을 지키고 있다. 이 길을 달리던 경전선 철길들은 레일을 걷어내고 '푸른 길' 공원으로 모습을 바꾸었다. 도심에 꿈을 실어 나르던 남광주 역사의 영화는 이제 시민들의 쉴 공간으로 자리잡았다. 과거 남쪽에서 청운의 꿈을 품고 광주로 유학 오던 학생들이나 봇짐을 들고 물건을 팔러 오던 사람, 시골을 떠나 먹고 살기 위해서 도회지로 나오던 사람도 이 역을 이용하였다. 기찻길이 우리에게 꿈이었던 시절이 이곳에 남아 있다.

골목은 자가 복제하여 그 길을 이어간다. 그리고 그 길에서 쉬어 갈 수 있는 숙소를 내어 준다. 병무청안길은 그 전형을 보여 주기에 충분하다. 병무청안길은 병무청을 오른쪽에 끼고 돌아가는 초입에 있다. 2미터 남짓한 너비의 골목 입구에 서 있는 전봇대 기둥에 병무청안길이라는 도로 표지판이 붙어 있다. '안길' 이라는 도로명은 그 길의 폭을 알려 주고도 남는다. 큰 길 안쪽에 있는 길이다. 소위 말하는 이면 도로다. 이런 도로는 소방차가 다닐 수 없을 정도로 좁다. 그 길에 초보 운전자가 차를 들

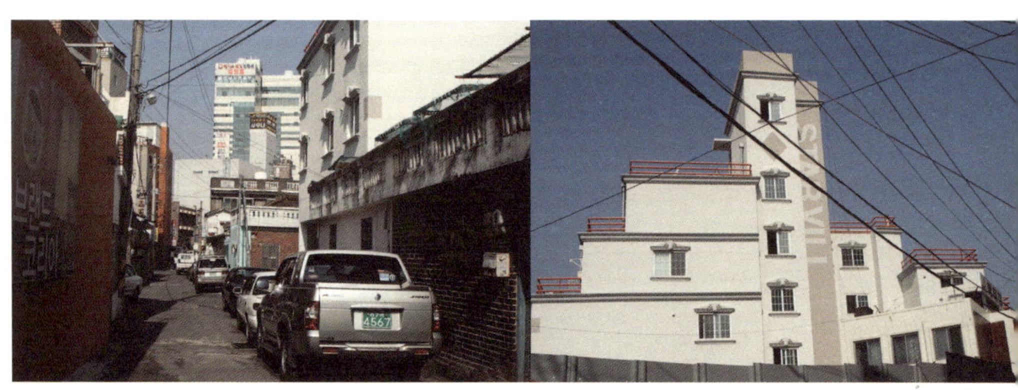

○ 주택과 여관의 혼재 | ○ 신축 여관

여인숙 골목

이밀었는데, 차가 길에 낄 정도로 좁다. 표지판을 따라 골목으로 들어가 니 좁다란 길이 알아서 사람을 안내한다.

처음 나오는 건물이 '무진' 여인숙이다. '무진기행' 이라는 소설이 떠 올랐다. 무진 역을 중심으로 펼쳐지는 삶의 모습을 담은 그 소설의 제목 을 단 여인숙이다. 주인에게 왜 무진이라고 했는지 물어보지는 않았다. 그냥 내 맘대로 생각해 보면, 무진기행의 '무진' 이나 광주의 옛 이름인 '무진' 이나 돈을 무진장 벌게 해 달라는 의미로 작명소에서 지어 온 이 름 중 어느 하나일 것이다. '무진' 여인숙을 지나가면 '행운장' 과 당구장 이 나오고 다시 앞으로 가면 '해태장' 이 나온다. 그곳에 이르면 골목은 다시 자가 복제를 한다. 부챗살 모양으로 퍼진 삼거리가 나온다. '무진'

여인숙 거리와 간판

여인숙의 길까지 합하면 사거리다. 그 사거리에서 먼저 직진을 해 본다. 그 길은 병무청안길보다 더 좁다. 그 길에는 '우정' 여인숙, '대풍온천' 여인숙, '제이' 모텔, '보보스' 모텔 등이 들어서 있다. 우정 여인숙의 간판은 전봇대에 바짝 달라붙어 자신의 존재를 알린다. 그 길은 제이 모텔에서 왼쪽으로 구부러져 있다. 다시 그 길을 돌아서 나와 사거리에서 오른쪽으로 가면 참으로 작은 슈퍼가 있고, 'S' 모텔, '브랜드 코리아', '리빙' 모텔, '허브' 모텔, 'Starvill' 콘도 등이 있다. 그 길을 더 가면 다시 큰길로 이어진다. 이 길의 반대쪽에는 '보은' 여인숙, '청원' 여인숙, '로얄장', '명동' 여인숙, '서울' 여인숙, '경기' 여인숙, '신광' 여인숙, '수영' 여인숙, '투룸 & 원'이 있다. 이 길의 이름은 금문3길이다. 총 길이가 400여 미터인 거리에 있는 여인숙 촌이다. 좁은 땅에 여인숙이 즐비하다.

월세 놓은 여인숙

여인숙은 그 이름이 낭만적이다. 말 그대로 여인숙(旅人宿)은 나그네가 잠을 청하는 곳이다. 어릴 적에는 이를 여인숙(女人宿), 즉 여자들이 자는 곳인 줄로 알았다. 나그네가 잠을 청한다는 멋지고 낭만적인 여인숙의 의미가 요즘에는 어찌된 일인지 허름한 숙소를 의미하는 곳으로 바뀌었다. 여행객이 잠을 자는 곳으로는 차상위 계층에 속하는 꼴이다. 그래도 여인숙이 빼곡하게 들어서 있는 이곳은 추억의 장소가 되기에 충분하다.

이곳의 여인숙 거리는 이름만 들어도 계급이 있다. 여인숙, 장, 모텔 순이다. 아마도 그 위에 호텔이 있을 것이다. 병무청안길과 금문3길은 여인숙이 주를 이룬다. 전통적인 여인숙의 모습을 볼 수 있다. 가정집과 구별하기 어려울 정도의 마당이 있고, 그 마당을 중심삼아 사각형으로 작은 방들이 빼곡하게 들어서 있다. 여인숙과 장이라는 이름을 가진 곳들은 단층집이다. 밖에서 보면 집안을 보기도 힘들게 높이 쌓은 담이 있고, 창문은 방의 크기에 비례하여 참으로 작다. 저 좁은 창으로 세상의 빛을 어떻게 담을까 싶다. 그리고 그 처마도 참으로 낮다. 어른 키보다 조금 높다. 어느 여인숙은 슬래브 집이다. 계단이 있고, 그 계단으로 올라가면 옥탑방도 있다. 마당에는 수도꼭지가 있고 공동으로 세수할 수 있는 세면대가 있다.

이곳 여인숙 거리에는 입간판을 내다 놓은 집도 있다. 그리고 집 앞에는 눈길을 끄는 광고가 있다. 월세를 놓은 '달방 있음'이다. 여인숙에는 나그네만 잠을 자는 것이 아니다. 여인숙에는 그 작은 방을 삶의 터전으로 삼고 사는 장기 투숙객이 있다. 이곳에서 장기 투숙하는 사람들은 노숙자가 아니다. 집이 없거나, 장기간 집을 떠나 살거나, 집으로 돌아갈 수 없는 사람들이 살고 있다. 집이 없다고 삶이 없는 것은 아니다. 민초의 질긴 생명력을 가지고서 내일의 희망을 쏘며 살고 있다. 희망이 그들을 속일지라도 내일을 꿈꾸며 살아간다. 이렇듯 여인숙도 어떤 이에겐 집이 된다. 월세방의 우리말 표현인 '달방'이라는 단어도 눈에 띤다. 그 달방에서 매월 방세를 내며 한 달 단위로 살아가는 사람의 삶이 눈에 선하다. 또한 이 거리의 여인숙들은 대문을 서로 맞대고 있다. 그러기에 그들은 서로 경쟁자이기도 하다. 문 앞에 욕실 완비, VTR 완비 등의 굵고 붉은 글씨들이 주인을 대신하여 대리전을 펼친다.

여인숙이 있는 거리와는 달리, 병무청안길에서 병무청 앞으로 이어지는 길에는 모텔이라는 이름이 많다. 그 이름도 'S', 'Starvill', '허브' 같은 영어식이다. 건물은 4~5층 정도의 높이다. 입구엔 대형 유리문이 있고, 큰 간판을 높이 달아서 사람들의 시선을 붙잡고 있다. 새로 재개발하여 지은 건물들이다. 그 길은 여인숙 거리에 비해 상대적으로 넓다. 최소 소방 도로 정도의 너비는 된다. 이 모텔들은 큰 길가에 가깝다는 공통점이 있다. 이 거리에는 술집도 있다. 그래서 골목은 현대식의 냄새가 난다. 벽은 시멘트로 되어 있고, 거기에 페인트를 칠했다. 현관 앞은 대리석보다는 화강암이나 타일같은 재질로 장식해 놓았다. 주차 공간도 있고, 주차한 차를 외부인이 볼 수 없도록 부드러운 플라스틱 발을 늘어놓았다. 그곳에는 모텔만 있는 것은 아니다. 큰 길에서 안쪽으로 주

금문3길

택가가 형성되어 있다. 슬래브 집들 사이로 모텔이 있다. 이는 주택가를 사서 재개발이나 재건축했음을 보여 준다. 주택들의 벽면에는 낙숫물을 받는 홈통이 있고, 도시가스 배관이 벽 타기를 하고 있다. 그리고 전기계량기도 담벼락에 붙어 있다. 거리의 전봇대들은 듬성듬성 있으나 그 전선은 하늘을 지배하고 있다. 어지럽게 난무하는 전선이 우리네 삶의 양태 같다.

　이곳은 두 권역, 즉 여인숙 거리와 모텔 거리로 나눌 수 있다. 여인숙 거리는 길이 좁고, 좀 허름하고 작고 월세 방인 달방도 있고, 욕실 완비 등의 시설을 강조하고 있으며 건물의 밀집도가 높은 편이다. 반면 모텔 거리는 상대적으로 길이 넓고 밀집도가 낮으며, 건물은 크고 현대식이며 주차장을 갖추고 있고 주택과 혼재되어 있다. 두 권역이 모여서 병무청 안길은 여관촌을 형성하고 있다.

이 거리는 그 옛날 남광주 역에 내린 사람, 전남대 도립 병원에 병수발을 하러 온 사람, 병무청에 신체검사 받으러 온 사람 등에게 작은 잠자리를 주던 기억 유전자를 가지고 있는 곳이다. 그 중에서도 이곳을 여인숙 거리로 만든 것은 남쪽 지방인 보성, 장흥, 순천 등지에 사는 사람들이다. 그들은 광주리에 팔 것들을 가득 들고 경전선의 새벽 기차를 타고 와서 남광주 역 노점에서 팔고, 다시 새벽 남광주 역에서 기차를 타고서 자신들의 귀소 본능을 자극하는 처소인 가정으로 되돌아간다. 그 밤과 새벽 사이의 하룻밤 동안 쉴 곳을 찾는 사람들, 그리고 다음 날 이른 새벽에 돌아가기 위해 자식들에게 줄 것과 물건을 판 돈을 챙겨 든 사람들이 이곳의 여인숙에서 잠을 청했다. 그 사람들에게 잠자리를 제공하는 여인숙들이 하나둘씩 늘면서 이곳은 여인숙 거리가 되었다. 그 힘든 시절을 이겨 낸 것은 아마도 자식들을 먹여 살리고 공부시키겠다는 희망이 있어서일 것이다.

이곳 여인숙 거리는 서로 모여서 집적 이익을 남기려고 하고 있다. 모이면 살고 흩어지면 죽는다는 식이다. 서로 집적하여 하나의 타운을 형성하면, 사람들이 모여 그 지역의 특성이 된다. 그리고 하나의 장소가 된다. 장소는 그 장소만의 독특한 특성을 갖게 되는데, 이를 장소성이라 한다. 이곳은 여인숙 집적지라는 장소성을 가지고 있다. 이런 장소성은 여인숙 외의 요소들에겐 상대적인 불이익을 가져다준다. 특히 주택지는 집값이 오르지 않고 떨어지는 요인이 된다. 그래서 주택들은 빠져나가고 그 자리에 모텔이 들어서게 된다. 이렇게 여인숙은 확대 재생산되며 더 또렷한 장소성을 만들어 갈 것으로 보인다.

여인숙이든 여관이든 장이든 모텔이든, 그 마크는 하나같이 목욕탕 표시인 ♨이다. 온천에서 수증기 김이 모락모락 피어나는 모습을 형상화한 지도의 기호가 숙박업소의 기호로 바뀌었다. 모락모락 피어나는 김도 어느 집은 수증기 김이 하나고, 두 개, 세 개인 집도 있다. 모텔마다 그 수도 다양하다. 숫자가 모텔의 등급을 나타내는 것도 아닌데, 사람들은 그 기호를 원래의 의미에서 벗어나 제각각 쓰고 있다.

이 골목 거리는 여인숙과 시장의 거리다. 키 작은 모습을 하고 있는 삶의 처소다. 삶의 현장으로서 생기가 넘치는 시장 골목이면서, 누군가에게는 하룻밤의 잠자리가 되어 주는 여인숙 골목이다. 모두 다 과거의 기억 코드를 가진 유전자의 원형을 지닌 곳이다. 이들이 빼곡하게 모인 골목 거리는 사람들의 추억을 불러일으키기에 충분하다. 그리고 생동감 있고 활기가 넘쳐나는 남광주 시장을 가지고 있다. 또한 추억으로 사라져 간 경전선의 철길과 역이 있는 곳이다. 이런 요소를 많이 가지고 있는 골목이 병무청안길과 남광주역 주변이다. 이 거리를 전남대 병원 건물, 병무청 등의 광주의 구도심과 연계하면, 우리들의 일상생활사와 현대인의 삶의 현장을 고스란히 보여 줄 수 있다. 골목을 걸으면서 우리 시대의 한 지역에 존재하는 근대 건물을 역사와 연계해서 생각의 나래를 펼쳐 보길 권하고 싶다.

#02
도심 속 재래시장과
골목시장을 걷다

천장에 달아 놓은 시장의 차양막이 태양을 머금어
휘황찬란한 빛을 내뿜는다.
아파트가 착공되기 이전부터 시장은 그곳에 있었다.
골목 안에 울려퍼지는 노점상들의 활기와 애환이 스민 곳,
광주광역시 북구 말바우시장이다.

　근대의 상설 시장이 등장하면서 전통적인 재래시장은 모습을 감추고 있다. 특히 정기시장은 도시에서 자취를 감춘 지 오래고, 읍 지역에서나 그 명맥을 유지하고 있다. 그러나 과거의 재래 정기시장이 있던 곳이 도시 경계가 확장되면서 도시로 편입되기도 하였다. 전통 재래시장은 용케도 살아남아서 도시의 서민들에게 삶의 활력을 준다. 재래시장 골목은 시끄럽다. 시끄러움은 곧 살아 있음을 뜻한다. 오가는 사람들의 발길을 품은 재래시장 길은 좁다. 좁아서 어깨를 부딪치기도 한다. 그래도 사람들이 오가는 것이 좋다. 파는 사람은 손님을 맞이해서 좋고, 사는 사람은 신선한 물건을 살 수 있어서 좋다. 도심의 재래시장은 자연스럽게 골목을 형성한다. 길을 중심으로 양쪽에 가게가 형성되고, 가게 주인은 물건을 하나라도 더 팔 요량으로 물건을 통로까지 진열해 놓는다. 그런 결과로 길은 더욱 좁아진다. 좁아짐은 자연스럽게 골목길을 만들게 된다. 그곳에 사람들이 모여들어 살아간다. 이런 모습을 하고 있는 광주광역시 북구의 말바우 시장을 가 본다.

　말바우(馬巖) 시장은 도심 재래시장이다. 도시가 몸집을 키우기 전부터 있었던 시장이다. 도시의 시역이 넓어지면서 말바우 시장은 도로와 아파트로 둘러싸였다. 하지만 그것이 재래시장의 기능을 더욱 활성화시키는 요인이 되었다. 좁은 골목을 끼고 있는 말바우 시장은 이 지역에서 가장 큰 규모의 재래시장으로서 주변 사람들의 삶터 역할을 하고 있다. 이 시장에는 삶의 활기가 넘치고, 넘치는 활기만큼이나 가게도 많고 파는 물건들도 참으로 많다. 시장 길거리 가득 가게와 사람과 물건이 붐빈다. 이곳의 시장 골목은 그런 생기를 볼 수 있는 곳이다.

시장의 이름인 말바우는 우산동 야산에 말 발자국이 새겨져 있던 바위를 말한다. 임진왜란 때 의병장인 김덕령 장군이 무등산에서 말을 몰아 단숨에 달리면서 말 발자국이 패였다는 전설을 가지고 있다. 말바우 시장의 이름은 이 전설에서 유래하였다. 그러나 지금은 도시의 도로가 확장되면서 말바우의 흔적을 찾아볼 수 없게 되었다. 세월과 함께 그 전설을 가진 바위는 사라졌지만, 말바우라는 이름은 시장 이름을 통해 사람들에게 더욱 크게 각인되어 있다. 이곳에 시장이 들어선 것은 일제 강점기인 1910년대에 신작로가 개설되어 담양 사람들이 농산물이나 임산물을 버스에 싣고 와서 그 보자기들을 펼쳐 놓으면서부터이다. 보따리장수들이 하나둘씩 늘면서 말바우 시장은 점점 그 규모를 키워 갔고, 결과적으로 이곳 주민 생활의 중요한 터전이 되었다. 이 점은 도로가 시장의 형성에 매우 크게 영향을 주는 인자임을 확인하게 해 준다. 특히 근대 교통로의 발달은 사람들의 접근성을 높여 주어 파는 사람과 사는 사람의 만

◎ 말바우 시장 입구 | ◎ 시장 골목

남을 빈번하게 만들어 준다. 신작로는 우리의 삶의 패턴을 변화시키는 데 큰 영향을 주었다.

이곳은 2, 4, 7, 9일에 장이 서는 재래시장이다. 전통적인 오일장의 변형 꼴이다. 2, 7일장과 4, 9일장을 혼합하여 장이 선다. 전통 사회에는 주변 지역에 오일장이 여러 개가 있었으나, 도시화가 진행되고 상설 시장이 보편화되면서 동방 시장과 서방 시장 등의 작은 장들이 폐쇄되었다. 그리고 이 장날을 말바우 시장이 흡수하여 보다 큰 전통 시장으로 확대되었다. 그래서 말바우 시장은 규모 경제를 이룰 수 있도록 규모가 커지게 되었다. 또한 도시 주택 지역의 확대, 특히 아파트가 들어섬에 따라서 잠재적인 수요자가 급증하게 되었다. 주변 정기 시장의 흡수와 주택가에서의 지속적인 수요 창출로 인하여 자연스럽게 시장의 공급 규모를 키울 수 있게 되었고, 장이 서는 날의 횟수를 늘리는 방법이 도입되었다. 그래서 이 시장은 정기 시장과 상설 시장의 혼합 형태로 발전하게 되었다. 재래시장의 도시 적응을 통한 진화라고 볼 수 있다.

말바우 시장의 골목은 옆 아파트 울타리와 담을 나누면서 시작한다. 시장의 입구에서는 정육점과 노점상이 먼저 사람을 맞는다. 참으로 리얼하게 소갈비가 푸줏간에서 뼈를 드러내 놓고 있다. 소는 버릴 것이 없다는 말이 실감난다. 아마도 이 소는 한우일 게다. 먹을거리를 놓고 현 정부와의 불편한 갈등을 보여 준 촛불집회가 떠올랐다. 그리고 개천에서 용이 나던 시절 자식 교육의 상징이었던 우골탑(牛骨塔)이 생각났다. 소를 팔아서 자식 공부시켰던 세대들의 자기 희생이 이 시대에는 적용되지 않음이 서글프다. 소뼈가 단순히 몸보신을 위한 대상으로 한정되는 아픔을 느낀다. 부모의 능력이 곧 자식의 능력이 되는 세태에 대한 적나라한 시위로 느껴진다.

또한 시장 골목의 입구에서 노점 자리를 펴고서 조기를 파는 아주머니가 있다. 노점에는 조기가 한 두름씩 노란 줄로 엮여서 매달려 있다. 조기의 운명은 참으로 두레박 신세다. 과거 떼를 지어 다니면서 서해의 칠선 바다를 주름잡던 때도 있었다. 서해 연안에서 잡혀 온 조기는 한국 국적이지만, 공해상에서 잡힌 조기는 어느 국적의 어부가 잡느냐에 따라서 국적이 결정된다. 중국인이 잡으면 중국 조기, 한국인이 잡으면 국산 조기가 된다. 그러나 그 값은 천양지차다. 이곳 시장에 잡혀 온 조기들은 누가 잡았을까? 걸려 있는 조기를 자세히 보면 입을 벌린 것도 있고 입을 꼭 다문 것도 있다. 어떻게 잡혔든지 간에 조기는 누군가에 팔려서 그 집 사람을 자린고비로 만들거나, 한 끼를 포식할 수 있게 자신의 역할을 다 할 것이다.

말바우 시장에서 눈에 띄는 것은 초입의

○ 시장 입구의 노점
○ 노점상의 굴비

천막이다. 태양의 볕을 차단하기 위한 주황색과 파란색의 천막이 가게와 길 위로 비스듬히 펼쳐져 있다. 천막이 태양을 머금으니 명도와 채도가 높아지면서 색색의 천을 펼쳐 놓은 듯한 퍼포먼스를 한다. 천막은 태양을 막아서 그늘을 만들어 주어 판매 물건들, 특히 야채와 생선의 신선도를 유지하는 데 중요한 기능을 한다. 시장 골목에서는 앞만 보고 걸어가거나 물건만을 보고 가기 쉽다. 그러나 머리 위에서 펼쳐지는 태양의 연출을 바라보고 가는 여유를 가지는 것도 좋겠다.

시장 골목 입구의 천막 아래로 50여 미터를 직진하면 삼거리가 나온다. 그 삼거리에서 우측으로 직진하면 시장 골목이 계속 이어진다. 그 골

목에서는 시장판의 생생한 삶의 현장을 볼 수 있다. 골목에는 북한산 딱
주, 자신의 몸을 터트려 속이 익었음을 보여 주는 석류, 크기도 다양한
멸치(멸치를 보며 저렇게 작은 것을 왜 잡는지, 또 어떻게 잡는지가 궁금
하였다), 매운 맛을 보여 주는 고추 등이 새 주인을 기다리고 있다. 배추,
꽃게, 명태, 전어, 오징어 등이 즐비하다. 시장 골목의 모습은 여느 시장
과 비슷하다.

　하지만 시장에서 파는 제품은 많이 변화되었다. 과거에는 우리 농수산
물이 중심을 이루었지만 이젠 사정이 다르다. 저가의 각종 외국 제품들
이 시장을 점유한 지 오래다. 그래서 시장의 풍속도도 바뀌었다. 공산품
은 물론이고, 생선이든 곡물이든 상관없이 그들의 출신 국가가 적혀 있
다. 제품에 표시를 할 수 없는 농수산물에는 골판지를 장방형으로 잘라
서 거친 글씨로 원산지 표시를 적어 놓았다. 중국산, 북한산, 칠레산 등
이 대표적인 국적이다. 이 중에서도 눈이 많이 가는 것은 북한산이다. 국
시를 반공으로 하던 험한 세월도 있었는데, 북한의 산물이 평범한 재래
시장에까지 진열되는 것을 보면 남북 교류를 실감할 수 있다. 북한산에
는 보다 애정이 가는 것이 인지상정이다. 물건은 오가는데 사람은 오가
기 어려운 분단된 현실이 안타깝다. 여기에 있는 북한산 물건들이 통일
의 밑알이 되길 소망해 본다.

　그래도 시장을 지배하는 것은 중국산이
다. 미국 여기자가 쓴 『메이드인 차이나 없
이 살아보기(A Year Without Made in
China)』라는 책에서 그것 없이는 살수 없다

는 결론을 내었듯이, 우리네 삶도, 그리고 이곳 시장 골목의 삶도 중국산 없이는 살아가기 힘든 시대이다. 싸구려 물건의 전형을 보이는 중국산이 넘쳐날수록 시장에서의 물건 질도 함께 떨어진다.

시장 골목에는 상인들의 흥정과 호객 행위, 소비자의 물건 값을 깎는 행위, 사람들의 시끄러운 소리 등이 넘친다. 소리는 좁은 골목길을 타고 반사를 거듭하여 사람이 경쟁하듯 소리를 더욱 크게 증폭시켜 나간다. 사람들의 떠드는 소리는 시장 골목의 생기다. 시장 골목의 여러 소리 중에서 가장 질긴 생명력을 보이는 소리는 명태를 파는 아주머니의 둔탁한 칼질 소리다. 명태는 생태, 동태, 황태, 노가리 등 이름도 다양하다. 그 중에서 북태평양 캄차카 반도의 추운 바다에서 잡아 올려서 꽁꽁 얼린 동태가 시장을 지배한다. 길이는 짧으나 그 면은 넓고 무거운 무쇠로 만든 칼로 나무판 위에 올려놓은 동태를 내려치는 둔탁한 소리는 시장의

◑ 시장 안 채소 가게
◑◑ 고추방앗간

생기이자 희망이다. 단칼에 동태를 서너 동강이를 내는 아주머니의 숙련된 칼질에서 삶의 생명력이 묻어난다. 이것은 시장이 살아 있음을 보여 주는 단적인 증거다. 하지만 시장 골목에 거칠고 큰 소리만 있는 것은 아니다. 시장 아주머니들끼리의 재잘거림도 있다. 물건을 사는 사람에게 행여 옆집 가게에 들릴까 봐서 소곤거리며 값을 깎아 주는 소리, 주인과 흥정하는 소리, 장사를 하는 사람들끼리의 수다 떠는 소리 등이 들린다. 그러나 지나치게 교양을 갖추어서 물건을 팔기에는 장사하는 아주머니들의 맘이 너무 절박하다. 그들은 생존과 품위의 경계선상에서 시장 골목을 지키고 있다.

재래시장은 사람을 불러들이기 때문에, 그 사람들을 대상으로 많은 보따리 노점상들이 모여들게 마련이다. 이 노점상들이 시장 길로 향하는 길목마다 작고 작은 노점을 차려 놓는다. 그들이 모여서 골목 노점을 형성한다. 즉, 골목 노점은 재래시장에 기생하여 형성된 것이다. 재래시장은 사람들을 부르고, 사람들이 모이니 골목에 노점이 형성된다. 노점이 형성되니 시장에도 발길을 내딛는 손님이 많아진다. 시작은 큰 시장에 작은 노점이 기생하는 형국이었으나, 나중에는 큰 시장과 작은 노점이 상호보완적인 관계를 유지하면서 공생(共生)하는 형국으로 전환하고 있었다. 이런 관계를 잘 보여 주는 현장이 말바우 3, 4, 5길의 작은 골목이다.

이 시장에서 눈길이 가는 곳은 시장 골목과 주변 대로 사이에 놓인 골목 노점이다. 노점은 작은 골목길을 가운데 두고서 양쪽으로 자리 잡은 집들의 담벼락을 이용하여 형성되어 있다. 골목의 집들이 마주 보고 있고 대문을 피해서 자리를 잡기 때문에 노점상들은 자연스럽게 골목을 따라서 한 무더기씩 무리를 지어 존재한다. 또한 골목 폭이 채 2미터도 되지 않기에 노점상들은 길 양쪽에 동시에 자리잡는 것을 삼간다. 오가는 손님들에게 길을 터줌으로써 말바우 시장으로의 진입을 도와주고, 큰 시장을 오가면서 노점상들

골목 양쪽의 노점상들

노점의 물건들

의 물건이 눈에 띄도록 하여 이익을 창출하는 생활의 지혜가 묻어난다. 그리고 노점상들 간의 과다 경쟁이 가져올 폐해를 잘 알고 있기에 손님들의 불편을 덜어 주는 것이 장기적으로 보다 이익이 된다는 것을 그들은 잘 알고 있다. 노점상 자리에는 중년을 넘긴 초로의 할머니와 긴 세월을 훌쩍 넘긴 할머니, 그리고 상대적으로 젊은 아주머니 등이 각자 자신들이 가져온 물건들을 보기 좋게 진열하여 팔고 있다. 그들이 파는 물건들은 주로 농산물이다. 호박, 배추, 참기름, 무, 실파, 대추, 감, 생강, 오이, 콩나물, 가지, 깐 마늘, 통마늘, 된장, 고추장, 젓갈, 콩, 보리, 양배추, 감식초 등이 그것이다. 이 물건들을 앉은 자리에서 양손을 펼치면 닿을 정도의 너비로 널려 놓고서 자기들만의 길거리 가게를 만들어 놓고 있다. 그들은 대량으로 물건을 판매하지도 않는다. 아니 할 수도 없다. 소량의 다품종을 파는 포스트모더니즘적 판매 구조다. 호박 하나, 콩 한 봉지, 콩나물 1,000원, 실파 반 단, 배추 한두 포기, 감 몇 개, 생강 몇 쪽, 오이 한두 개, 깐 마늘 한 접시 등의 단위로 판다.

그리고 그들은 스티로폼 박스를 밑에 놓고 위에 물건을 올려 놓는 방식, 작은 빨간 색이나 파란 색의 플라스틱 광주리를 하나 엎어 놓고 또

○ 골목 양쪽의 노점상들 | ○ 골목 한쪽의 노점상들　　　　　　　○ 거리의 마네킹

다른 광주리를 올려 놓거나 곧바로 플라스틱 광주리를 바닥에 놓아 두는 방식, 마대나 골판지 등을 바닥에 깔아 두고서 물건을 올려 놓는 방식 등 저마다 다양한 방식으로 물건을 진열해 둔다. 이렇게 물건을 진열해 두고서 가게 주인은 오가는 사람들의 시선과 상관없이 자기 일을 한다. 주인은 주로 바닥에 깔판을 대고 앉아서 열심히 파를 다듬거나 마늘을 까거나 무를 다듬는다. 그러면서도 틈틈이 시선을 들어 올려 손님들을 주시하고 눈이 마주치면 여지없이 손님을 가게로 끌어당긴다. 오랜 세월의 장사 경륜으로 물건을 살 사람과 사지 않을 사람을 웬만큼 구별할 수 있다. 그리고 노점 주인은 전대를 차고 있다. 세월의 흔적이 담긴 전대에는 손을 집어넣은 횟수와 장사를 한 시간에 비례하여 묵은 때가 묻어 있다. 그들은 보통 작업복인 몸빼 바지를 입고 있다. 아마도 이 옷이 일을 하는

데 편리하기 때문일 것이다. 일제 강점기에 여성들의 노동력 착취를 목적으로 개발·보급된 슬픈 역사를 지닌 옷이지만, 여자들의 노동 생산성을 올리는 데 크게 기여하고 있음은 부인할 수 없다. 또한 차양이 큰 모자를 쓴 사람도 보인다. 태양으로부터 피부를 보호하기 위한 여성들의 보호 본능은 이곳 상인들에게도 예외가 아니다.

이 노점 골목엔 가게가 없지만 늘 활기차다. 안쪽 말바우 시장의 상인처럼 점포를 갖고 있지는 않지만 자식을 위하는 마음은 세상 누구에게도 절대로 지지 않을 기세다. 그들은 점심시간이 지나고 주민들이 저녁을 준비할 시간보다 좀 일찍이 물건을 진열하여 장사를 준비한다. 조명 시설도 없는 골목이기에 땅거미가 지기 시작하면 맘은 급해지고 노점도 문을 닫는다. 길거리의 노점상들도 불만은 있다. 노점이기에 그늘을 막을 방법이 없기 때문이다. 석양의 햇빛이 골목으로 쏟아져 들어오면, 싱싱함이 최우선인 농산물에 해를 주고, 이는 곧 장사를 하는 데 큰 지장을 주어 이익을 감소시킬 수 있다. 그들의 소박한 바람에도 불구하고, 사유 재산인 주택과 주택을 잇는 골목 위에 천막을 치는 것은 쉽지 않은 일이다. 아마도 집주인들이 집값 하락을 크게 염려하기 때문일 것이다. 말바우 시장 옆길에는 이런 좁은 길들이 여러 개 있고 그곳에서 소시민들의 삶이 펼쳐지고 있다. 이곳 노점상들은 우리 일상의 식탁과 관련된 것들을 팔고 있다. 그들의 경제활동은 우리가 늘 먹는 먹을거리가 주로 어떤 것인지를 알 수 있게 해 주며, 소시민들의 주된 부식거리가 무언지도 보여 준다. 이곳에서 우리가 먹고 사는 것들의 유통구조의 한 단면을 볼 수 있다.

　　이곳 골목 노점상들의 입지와 배열에 호기심이
간다. 노점상들은 좁은 골목에서 두 줄로 또는 한
줄로 앉아서 장사를 한다. 좁은 골목에서 장사를
하는 데는 목, 즉 입지가 가장 중요하다. 매일 이
곳에 작은 장을 펼쳐 놓고 있지만 고유한 자기 자
리가 있다는 점에서 골목의 질서가 존재한다. 목
좋은 자리의 선점이 중요하다. 당연히 그 선점을
노리는 자리는 사람들이 많이, 그리고 빈번히 오
가는 곳이다. 그곳은 큰길에서 작은 골목으로 접
어드는 초입이다. 이곳은 버스 정류장이 있어서

시장으로 가는 길

버스를 타고 내리는 사람과 시장을 보고서 큰길로 빠져나오는 사람들을
한꺼번에 접할 수 있는 곳이다. 또한 이 시장 골목의 초입 지점은 상대적
으로 재래시장의 점포와 멀리 떨어져 있어서 영업 행위가 보다 자유로운
이점도 있다. 이렇게 자리 잡은 골목 입구의 목 좋은 곳을 내준 노점상은
그 옆에 자리를 잡는다. 그래서 점점 시장 쪽으로 그 노점상의 영업 범위
를 넓혀 간다. 이곳에 자신들의 영업 자리를 잡은 노점상은 자기 땅은 아
니지만 그 자리에 대한 배타적 점유권을 인정받을 수 있다.

　　또한 노점 골목의 노점상과 시장 점포 상인들 사이에 이해관계가 충돌
하는 지점도 있다. 두 집단은 한정된 고객들을 대상으로 하고 있으므로
특히 동일 제품을 판매하는 경우에는 신경전이 일어날 수 있다. 상인들
은 세금 내고 장사를 하는데 노점상은 세금이나 관리비도 내지 않으니
자신들의 영업 구역을 침범하는 것은 용납할 수 없다. 그래서 재래시장

에서 막 빠져나오는 지점에는 노점상이 없다. 이곳이 완충지대다. 서로 간에 신경전을 줄이는 비무장지대(DMZ)다. 그들은 서로간에 조금의 공간을 두고서 나름대로의 공생을 하고 있다. 우리네 삶의 현장들도 무질서하게 구성되고 있는 듯 하지만 나름의 질서를 가지고서 움직이고 있다. 그 질서의 원리가 골목에서의 상생을 이끌고 있다. 이곳 말바우 시장과 큰 길 사이에 있는 말바우 3길, 4길과 5길의 골목길에서 더불어 살아가는 삶들을 볼 수 있다. 세 줄로 나란히 자리 잡고 있는 좁디좁은 골목길에는 공존을 위한 질서가 존재한다.

말바우의 시장 골목과 노점 골목길은 소시민들의 경제 활동을 볼 수 있는 골목이다. 저마다 삶을 위한 활동들을 활기 있게 펼치고 있는 작은 골목에는 소시민들의 사람 사는 냄새가 물씬 나고 있다. 특히 말바우 3, 4, 5길, 즉 대로와 시장 안쪽을 이어 주는 작은 샛길은 그 위에서 펼쳐지는 질긴 민초들의 삶과 경제 활동을 한 눈에 볼 수 있는 곳이면서, 또한 전통 시장이 현재까지 지속되어 온 배경과 도심 전통 시장의 활로 등을 답사할 수 있는 좋은 곳이다. 그래서 이곳은 도심 속 재래시장의 역할과 기능 그리고 도시 속 전통 시장의 원형을 살펴보고 체험하기에 좋다. 시장 골목을 걸으면서 시장 사람들이 골목 안에서 펼치는 삶의 존재양식, 그리고 현장을 답사할 수 있는 기회를 가져 보길 바란다. 그리고 앞으로 재래시장이 어느 모습으로 진화해 나갈지에 대해서 미리 짐작해 보는 것도 좋을 듯 싶다.

03

상가가 만든
골목길

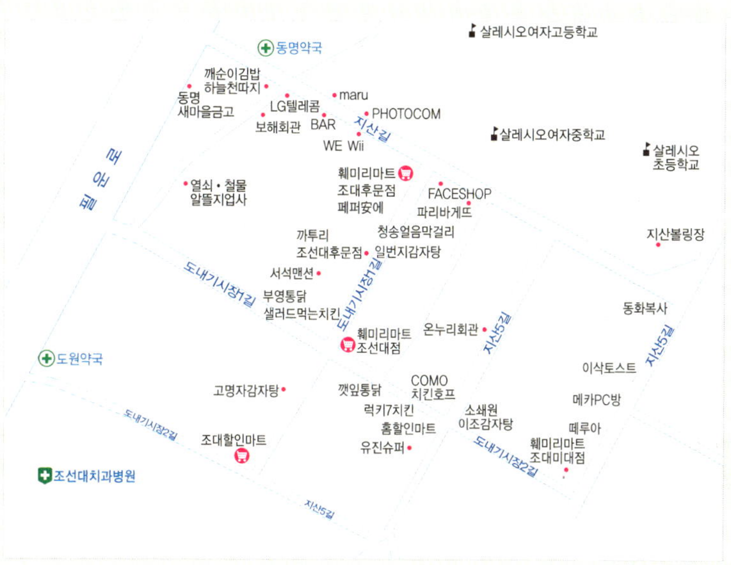

1+1의 답은 2다.

재래시장 더하기 대학가의 답은 광주광역시 동구 도내기시장이 된다.

작은 가게들이 머리를 맞댄 거미줄 같은 골목을 지나면 마법처럼

화면이 바뀌고 패스트푸드점과 커피전문점이

오가는 사람들을 반긴다.

시장은 물건을 파는 곳이다. 물건을 파는 곳들은 서로 닮은꼴을 지향한다. 서로 동종끼리는 함께 모이는 구심력이 발생하고 이종끼리는 원심력이 발생한다. 이런 원리는 시간의 흐름과 함께 심화되어 일정한 지역에 비슷한 유형의 상가를 집중시키기도 한다. 즉 함께 모여서 장소성을 만듦으로써 소비자에게 각인시켜 이윤을 추구하는 방식을 취한다. 이는 바다에서 작은 정어리들이 함께 모여서 큰 덩치의 무리를 만들어 천적으로부터 자신들을 보호하는 것과 같은 원리이다. 시장은 이런 과정을 통하여 끊임없이 진화해 나가면서도 자신의 정체성을 보다 강화해 간다. 광주의 도내기 시장에는 이런 원리가 살아 있다.

도내기 시장을 가려면 광주 순환 도로 상에서 조선대학교 치과대학 입구를 찾아야 한다. 그리고 거기서 지산동 방향으로 150여 미터를 가면 육교가 보인다. 그 육교 아래에는 도내기 시장을 알리는 입간판이 있다.

도내기 시장 입구

그 입구에서부터 도내기 시장의 골목이 시작된다. 광주 순환 도로가 개설되기 전에는 도내기 시장과 광주의 도심을 연결해 주는 작은 도로들이 있었다. 그러나 도로의 폭이 너무 넓은 순환 도로로 인하여 도심과 시장이 단절되어 결국 사람들의 발길이 끊기게 되었다. 하지만 이렇게 도심과의 단절이 있다고 하더라도 시장의 전통이 곧바로 사라지지는 않는 법이다. 시장 사람들은 주어진 상황에 적응하여 또 다른 모습으로 시장을 진화시켜 오늘에 이르고 있다.

시장은 기능을 달리하면서 구역을 분화해 간다. 이종(異種)은 멀리 하고 동종(同種)은 가까이 하는 원리가 작용한 셈이다. 도내기 시장통에서도 이 원리가 적용되어 구역별로 시장이 나누어지고 있다. 이 시장의 골목은 기능을 달리 하여 크게 세 구역으로 나누어진다. 그 하나는 과거 충장로로 이어져 있던 도내기 시장의 원형을 가지고 있는 구역으로서 식당과 작은 부식 가게가 중심을 이룬 영역이다. 다음으로는 순환 도로에서 살레지오 여고까지 이르는 지산길로서 2차선 도로 상에 전자 상가 등이 형성된 영역이다. 그리고 세 번째는 살레지오 여고 입구에서 조선대의 경계를 이루는 담까지 이르는 도내기시장2길의 영역이다. 이 세 가지의 골목길은 각기 다른 모습으로 골목 시장의 현재를 담아내면서 오늘을 살고 있다.

모든 시장은 그 연유를 담은 역사나 유래를 가지고 있는 법이다. 이곳의 시장도 예외는 아니다. 자연스럽게 형성된 시장에 그 유래를 담은 역사적인 기록이 따로 있을 리는 만무하지만, 역사는 구전에 구전을 거듭해 오면서 기록으로 남는다. 이곳은 광주 구도심의 북쪽 외곽에 자리 잡고 있었다. 광주의 시역이 확대되고 1986년 2월 순환 도로가 건설되면서 구도심의 고객들과 차단되는 결과를 가져오기도 하였다. 이 도로가 개설되면서 도내기 시장의 원래 모습은 많이 변형되었고, 점포수의 4/5가 광주시 동구 지원2동에 속하게 되었다. 도내기 시장은 원래 도내기라는 마을 이름에 그 기원을 두고 있다. 도내기라는 말은 뜨내기라는 말에서 유래하였다. 뜨내기는 일정한 처소가 없이 잠시 머물면서 떠도는 사람을 뜻한다. 각지에서 출발한 작은 봇짐장수들이 이 시장을 찾아 좌판을 벌여 시장을 형성하고 그 규모가 커지면서 이 일대를 도내기라고 불렀다. 대체로 이곳에 상인들이 몰려들기 시작한 것은 1965년경으로 보고 있으며, 1970년에 들어서 골목 시장의 형태를 갖추었다. 또한 도내기 시장의 이름에 관한 다른 설로는 도내기 시장 동쪽에 있었던 '도내기 시암', 혹은 '참시암'에서 연유했다는 것이 있다. 시암은 전라도 방언으로 샘을 의미하고, 도내기라는 말은 '돌 틈에서 솟는 샘'이라는 의미를 담고 있는데, 여기서 도내기 시장의 어원을 찾기도 한다. 또 한편으로 후세대들은 자기들 맘대로 도내기 시장의 이름에 대한 풀이를 한다. 사람들은 도내기가 '돈은 돌고 돈다', '돌고 돌아도 도로 시장이다'에서 기원했다고 보고 있다. 전자는 돌고 도는 돈을 벌겠다는 상인들의 소망을 담은 것으

○ 도내기시장1길의 골목 | ○ 입구 상가의 영업 전 모습

로 보이고, 후자는 시장 골목이 번성하여 복잡해진 경관을 담은 것으로 보인다.

시장은 길을 가지고 있다. 길을 따라서 상가가 형성되고, 또한 상가가 복잡하면 길을 보다 넓게 만들기도 한다. 이런 과정으로 이곳에는 도내기시장1길, 2길과 지산길이 형성되었다. 이 세 길의 폭은 각기 다른데, 도내기시장1길은 차량 통행이 힘들 정도로 좁고, 도내기시장2길은 차 한 대가 비켜갈 수 있을 정도의 폭을 가지고 있으며, 지산길은 인도 없이 2차선의 좁은 폭을 가진 길이다. 이 세 길에 형성된 서로 다른 경관과 기능을 살펴보고 싶다.

먼저, 도내기시장1길은 도내기 시장의 전통적인 모습을 보여 주고 있다. 좁은 골목을 중심으로 양쪽에 가게들이 서로 문을 맞대고 있다. 문을

◉ 입구의 상가 모습 1 | ◉ 입구의 상가 모습 2

닳은 가게도 일부 보이나, 가게 앞은 삶의 도구들로 어수선하다. 가게에는 어김없이 입간판이 서 있고, 건물 외벽에 달아 둔 옆 간판도 있다. 비바람이 들이치는 것을 막기 위해서 차양을 한 가게가 보인다. 그리고 시장 골목에는 물건을 실어 나르기에 편리한 손수레, 배달 등의 다용도로 사용하는 오토바이, 각종 물건을 빼고 버린 스티로폼 박스 등이 있다. 이 골목은 도내기 시장 입구에서 지산길을 만나는 지점까지 약 300여 미터 정도 이어진다. 한낮인데도 골목길의 입구부터 아직 문을 열지 않은 가게가 있다. 아마도 사람들이 많이 오가기 시작하는 오후 시간에 맞추어서 문을 열겠다는 심사로 보인다. 가게 문을 열고 닫는 셔터 앞에는 평상들이 놓여 있다. 이 평상은 가게 안의 물건을 사람들이 볼 수 있도록 문 앞에 진열을 하는 데 사용된다. 가게 안의 물건을 밖으로 내놓으면 많은 사람들이 오가며 보게 되고, 이는 가게의 매출로 이어질 것이라는 생각이다. 그러나 좁은 골목을 더 좁게 만들고 사람들의 왕래에 지장을 준다는 점은 생각지 못한 듯하다. 소비자를 중심으로 생각할 마음의 여유가 없었던 모양이다.

이 골목에는 올망졸망하게 가게들이 모여 있다. 거창하고 화려한 네온사인도 없다. 일류 레스토랑은 더더욱 아니다. 이 골목의 정체성은 가게 이름을 보면 쉽게 알 수 있다. 그 이름으로는 '동서마트', '해태의 집',

식당의 메뉴 입간판

◐ 골목의 거리 모습 | ◐ 배달용 오토바이

'헌옷', '야채 가게', '알뜰 지업사', '쪽지비(해물탕)', '노벨 원룸', '참기름(떡)', '열쇠 철물점', '옹기 마을', '명성 식당', '강진 마을', '옷 수선', '보해 식당', '하늘 천 따지(주점)', '깨순이 김밥', '서울 마트', '친구네 생고기' 등이다. 가게 상호를 보면, 이 골목의 주 업종은 잡화점, 식당, 술집, 수선집, 기름집 등이다. 또한 이곳 식당의 입간판에는 각종 음식의 종류와 그 값을 빼곡하게 적어 놓고 있다. 즉, 모든 음식을 판다는 의미다. 특화된 음식을 파는 것이 아닌 종합 음식을 파는 곳임을 보여 주고 있다. 예를 들어, 보해회관의 입간판을 보면 떡국에서 조기매운탕까지 모든 음식을 다 판다.

골목의 주요 운반 수단은 오토바이와 손수레다. 오토바이는 주차 공간이 없는 곳에서 좁은 면적만 필요로 한다는 장점이 있으며 배달에 기동성을 줄 수 있다. 물건을 실어 나르는 손수레는 무게 중심을 활용하여 물건을 실어 나르는 데 유리한 장점을 지니고 있다. 이것은 단거리의 이동에 적합하다.

이 골목은 삶의 현장을 보여 주기에 적절한 곳이다. 소시민들이 저마

지산길의 긴판 모습

다의 방식으로 삶을 꾸려 나가는 모습을 볼 수 있는 공간이다. 이 골목의 특징은 많은 것을 팔고 있다는 것이다. 작은 슈퍼마켓에서는 크고 작은 온갖 물건들을 다 판다. 그래서 이 골목은 우리의 일상생활에서 먹고 마시고 입는 데 필요한 것들을 공급하는 가게들로 이루어져 있다.

도내기시장1 길의 골목 공간을 빠져나오면 지산길로 이어진다. 지산길 거리는 복잡하다. 2차선인 이 거리를 빠져나가 순환 도로로 가기 위해서는 신호 대기를 해야 한다. 순환도로에 비해 작은 도로이기에 신호를 허용하는 시간이 짧다. 그래서 이 길은 자동차로 늘 붐빈다. 길게 이어진 자동차들이 빨간 미등을 켜고 신호를 대기하고 있다.

○ 지산길의 도로
○ 지산길의 모습

○ 도내기시장2길의 식당으로 가는 학생들

　이 길의 가게들은 도내기시장1길과 사뭇 다르다. 가게 이름부터 다르다. 도내기시장1길의 간판들이 우리 토속어 중심으로 이루어져 있다면, 이곳은 영어나 외래어가 많다. 'maru', 'jewelry', 'accessary', 'photocom', 'LG telecom', 'ice cream', 'We Wii', '헤어 모델', '비디오' 등이 그것이다. 이 골목길의 가게들은 소품, 사치용품, 통신 제품, 가전 제품 등이 주를 이루고 있다. 가게의 간판 속에 가게들이 파는 품목이 드러난다. 양쪽 길가에 늘어선 가게들은 저마다 현란한 색으로 치장을 하고 있다. 가게 건물의 간판을 붙일 수 있는 모든 곳에 광고 시설을 붙여 놓았다. 기둥이면 기둥, 창문이면 창문, 옆면이면 옆면 등 모든 곳은 원색에 가까운 색으로 덮어 놓았다. 많은 광고물을 붙여 놓으면 누군가는 볼 것이고, 이것을 본 사람은 자기 가게를 알아줄 것이고 그러면 물건을 사러 자기 가게에 들를 것이라는 심리적 요인이 작용했을 것이다. 또 다른 요인은 아마도 주인의 조바심일 것이다. 다른 집이나 비슷한 물건을 파는 가게에서 간판을 크게 많이 달면 상대적으로 자기 가게가 손해를 볼 것이라는 생각이 작용했을 것이다. 그러나 이로 인하여 골목은 어지러움으로 가득하다. 실은 손님들이 간판을 보고 찾아가는 경우가 많지는 않을 것이다. 우리도 난무하는 간판을 규제하거나 정비할 필요가 있다. 도심 이미지 통합이라는 정책을 걸고서 일부 자치단체에서 간판의 크기, 색깔 등을 규제하고 있다. 이곳도 이미지를 조정하여 장소 정체성을 보다 부각시킬 수 있는 주인들의 지혜가 필요하다.

　지산길을 따라서 살레시오 고등학교 정문 앞까지 가면 다시 삼거리가 나온다. 살레시오 고등학교 정문의 맞은편 삼거리에서 우회전 하면 다시 골목으로 이어진다. 그 길로 따라가면 다양한 프랜차이즈 업체들의 간판이 즐비하다. 도로의 폭은 차 한 대 비켜 갈 수 있을 정도이다. 그곳을 오가는 고객들은 주로 청소년들이다. 그곳의 간판들로는 'BAR', '노래방', '돼지코', '막걸리', '호프', 'FACE SHOP', '카페', 'KEY WEST', '통닭집', 'FUNNY 사진', '쌈밥집' 등이 있다. 이 이름들을 보면, 이 거리는 먹고 마시고 즐기는 가게들이 주종임을 알 수 있다. 이 골목에는 청소년들이 놀고 마실 수 있는 것들이 즐비하다. 또한 이 골목에는 작은 술집도 많다. 막걸리집, 주점, 소주방, 맥주집 등이 많다. 값비싼 고급 술집이 아닌 싼 술집들이다. 주머니 사정이 넉넉지 않은 대학생들

이어서 더치페이에 익숙한 구조를 가진 술집을 주로 찾는다. 마시는 곳에는 노는 곳도 함께 하기 마련이다. 이 골목에는 노래를 하거나 연인과 사진을 찍거나 얼굴 화장을 하는 곳 등이 많다.

이 골목의 가장 특화된 모습은 먹을거리 경관이다. 특히 이 골목에는 통닭집이 집중 분포하고 있다. 생소하면서도 기발하고 재치 넘치는 통닭집의 이름이 인상적이다. '깻잎 치킨', '꿈에 그린 통닭', '7치킨', '후다닭', '샐러드 먹는 치킨', '영동 치킨', '부영 치킨', '영빈 치킨', 'Mr. BOOM 치킨', 'COMO 치킨 호프' 등이 그것이다. 이 골목 주변에는 대학로가 형성되어 있어서 많은 대학생과 청소년들이 통닭을 먹고 있다. 수요가 공급을 창출하는 원리가 작용하는 골목이다. 그리고 수요가 있는 곳은 어디든지 달려가서 서비스를 하기 위한 자세도 확고하다. 통닭집 앞에 도열하여 대기 중인 배달 전문 오토바이가 그 각오를 웅변해 주고 있다. 이 골목 통닭집들의 주요 상권은 조선 대학교와 주변 고등학교 구내를 포함한 주변 지역이다. 하지만 오토바이는 배달의 물리적 거리를 단축시켜서 그 상권을 넓혀 주고 있다.

그러면 통닭집 주인은 어디까지를 배달할 수 있을까가 궁금하다. 합리적인 배달 범위는 손익 분기점까지일 게다. 이런 배달 범위를 배달권이라고 한다. 이 배달권은 모든 조건이 동일하면, 즉 이상적인 조건 하에서는 원으로 나타난다. 그러나 다른 통닭집의 배달권과 상충하게 되면 이성이 지배하는 사회에서는 서로 합리적으로 공간을 나눠 갖는다. 가장 이상적인 배분이 일어난 상권은 6각형으로 나누어진다. 이것이 독일의 지리학자인 크리스탈러(Christaller)가 말하는 중심지(中心地) 이론이다.

그러나 가게가 고객 만족을 제일로 지향한다면 일부 손해를 보고서도 내일의 고객을 창출하기 위하여 배달을 할 것이다. 교통수단이 발달하거나 도로 조건이 개선되면 더 멀리 배달할 수 있다. 즉, 이익을 창출할 수 있는 범위를 넓혀 상권을 얻어 낼 수 있다. 가게들은 한 곳에 모여서 경쟁을 할 것이다. 경쟁을 하면 서비스가 좋아질 수 있다. 또한 이 골목에 모여 있는 통닭집은 서로 모여서 얻어지는 이익, 즉 집적이익(集積利益)을 얻을 수 있다. 통닭집들은 서로 모여서 경쟁하며 이익을 도모하고 있다. 한 곳에 모인 통닭집들은 그곳의 특화를 가져와서 통닭 거리라는 이미지를 부각시키면서 이곳의 장소성을 형성할 수 있다.

이 골목에는 다양한 국적불명의 언어들이 혼재하고 있다. '구주', '엄지 스낵’, ‘돈꿀레’, ‘하라주쿠’, ‘박대감집’, ‘야생 멧돼지’, ‘홈 마트’, ‘페페安에’, ‘酒樂 잔’, ‘디올’, ‘청송얼음막걸리’, ‘소쇄원’, ‘이조갈비’, ‘일번지 감자탕’, ‘레인보우’, ‘SKY’ 등이 그것이다. 좋게 말하면, 대학생들의 다국적 문화를 볼 수 있는 골목이다. 이 골목에는 수직으로 길게 늘어진 옆 간판이 다채롭다. 젊은 고객들의 시선을 붙잡기 위하여, 간판에는 꽃문양, 단아한 색조, 멋진 글씨 등으로 다양하게 연출되어 있다. 이 개성 넘치는 간판은 지나치게 크고, 지나치게 강렬하고, 지나치게 글자가 큰 간판들보다 보기에 좋다. 이 골목 가게의 장식 중에서 이채로운 것은 ‘청송얼음막걸리’ 집의 간판이다. 간판 밑에 막걸리를 마시는 노란 주전자를 일렬로 여러 개 거꾸로 매달아 장식하고 있다. 그러나 그 표현은 영어, 일본어, 우리말과 우리말의 변형어가 혼재되어 있다.

　다시 이 골목의 끝, 즉 ‘깻잎 치킨’에서 좌회전하면 조선대학교 담벼락이 나온다. 그 담벼락에서 다시 좌회전하면 담벼락을 따라서 작은 골목이 이어진다. 그 길은 담을 따라서 직선으로 조선대학교 후문까지 이어져 있다. 이 골목은 다시 지산길과 만난다. 이 골목의 담벼락에는 자동차가 주차해 있고, 그 반대편에는 가게들이 있다. 가게들은 주로 PC방, 복사집, 스낵 코너, 패스트푸드점, 커피전문점, 컴퓨터 AS점 등이다. 구체적인 이름으로는 ‘Vero Espresso’, ‘Issac Toast’, ‘Toastory’, ‘동화복사’, ‘메카 PC방’, ‘떼루와’ 등이 있다. 이곳은 대학생이나 고등학생들의 편의를 제공하는 가게들이 많다. 가볍게 손에 들고서 먹고 마시는 가게들과 학생들의 편의를 돕는 가게들이다.

　이 골목은 비좁다. 그리고 사람들로 분주하다. 골목은 온갖 것들로 가득하다. 골목에서는 하늘을 봐도 좁다. 그리고 골목의 하늘에는 전선이 난무한다. 전선이 가는 곳은 분명 있지만 어디로 어떻게 가는지 모를 정도로 복잡하다. 그 긴 전선들을 선분으로 만들어 주는 것은 전봇대다. 전봇대와 전봇대 사이는 스파이더맨처럼 전선줄을 쏘며 이어져 있다. 그리고 공중을 나는 전선들이 곡예를 마치고 하산하는 장소는 건물들이다. 전선들은 건물에 진입하여 건물 안의 가게나 방으로 전기를 공급한다. 전기량을 재는

도내기시장1길의 간판들

계량기가 입구에 도열해 있고, 그 안의 둥근 원이 부지런히 돌고 돈다. 아마도 그 돌아가는 속도를 보면 주인 맘은 더 빨리 돌 것이다. 이와 같이 골목의 하늘도 어지럽다. 이 많은 전선들을 지하로 보내면 골목의 하늘은 더욱 밝을 것이다. 가던 길을 멈추고 하늘을 우러러 도시의 전선을 보라.

이 골목은 각자의 기능에 따라서 여러 구역으로 나누어진다. 그리고 골목마다 나름대로의 특색을 보이고 있다. 이곳의 골목은 전통적인 도내기 시장의 원형 모습, 가전제품, 소품이나 의류 등을 많이 파는 곳, 주류를 포함한 먹을거리 문화 지역, 그리고 패스트푸드 문화 지역이 존재한다. 이 골목의 경제를 주도하는 층은 청소년과 대학생들이다. 그래서 이곳에서는 이들을 소비자로 한 경제 활동이 주를 이루고 있다.

또한 젊은 고객들을 잡기 위하여 이 골목의 가게 주인들은 소비자들의

눈높이와 취향에 맞는 가게 상호를 만든다. 소비자가 왕인지라, 고객은 자신들이 원하는 것을 얻을 수 있는 곳으로 발길을 옮긴다. 젊은 고객들이 골목을 걸으면 가게의 주인들은 긴장하면서도 좋아한다. 그들의 발길이 머물 수 있도록, 아니 붙잡을 수 있도록 다양한 장치들을 해 두고 있다. 눈요기, 저렴한 값, 풍부한 양, 원스톱 서비스, 친절, 그리고 음식이나 제품의 맛과 질로 승부를 건다. 이 중에서 어느 하나라도 경쟁력을 갖추어서 젊은 고객들에게 강한 인식을 심어 주기 위해 노력하고 있다. 그래서 이 골목은 소비자와 공급자 간의 갈등과 공존이 함께 숨쉬는 공간이다.

젊은 세대들을 대상으로 한 경제 활동의 중심지이기에 이곳은 젊은이의 문화 현상을 잘 보여 준다. 그래서 이 골목을 보면 우리 시대 젊은이들의 문화를 엿볼 수 있다. 젊은이들만의 문화와 그들의 문화에 맞추어 돈을 벌기 위한 생생한 생업 활동을 볼 수 있는 골목이다. 이 골목을 통하여 젊은 문화 취향을 접할 수 있길 바란다. 지금 이 골목에는 그들만의 문화가 있기에 그들이 어떻게 놀고 즐기는지를 이해할 수 있다. 이 골목을 걸으면서 요즘 젊은이들이 사고하고 행동하고 취하는 문화를 눈으로 확인해 보고 경험해 보길 바란다. 이 시장 거리에서 주변의 학교 경관과 구도심의 거리와 젊은이의 거리를 연계시켜서 대학 및 청소년의 소비 문화를 이해할 수 있길 소망해 본다.

04

장인의 숨결이
살아 있는 거리를 걷다

그들의 한결같은 뚝심은

쭉 곧게 이어진 광주시 동구 수기로의 모습 그대로다.

조선 시대부터 이어진 장인의 전통이 이 거리를 오롯이 지켜 왔다.

그 흔한 컴퓨터 없이도 오로지 감과 경험과 수작업만으로

한 치의 오차도 허용하지 않는 장인을 만날 수 있다.

거리는 지역마다의 특성을 가지고 있다. 특히 근대화의 상징인 산업화는 우리들의 도시 거리에 많은 변화를 가져왔다. 산업화는 곧 기계화를 의미하고. 기계화는 사람들이 하는 일을 기계로 대체시켜서 단위 시간당 생산성을 높여서 대량 생산 체제를 가능하게 만들었다. 이 기계화를 이루는 데 주축인 기계는 많은 부품으로 조립되어 있다. 이 부품이 모여서 크고 작은 기계를 이룬다. 여기에 있는 가게들은 이 기계에 부품을 제공하는 곳이다. 또한 완성된 작은 제품을 소비지나 생산자에게 공급해 주는 가게들도 있다. 이 가게들을 통틀어서 공구상(工具商)이라 부를 수 있다. 이 공구상들이 무리지어 자리잡고 있는 거리*가 있다.

광주시 동구의 수기동 거리는 도시 외곽의 집적 단지로 이전하기 전에

수기동 공구상 거리

는 지역의 공구 상인들이 밀집하여 그 시세가 왕성하던 곳이다. 그러나 썩어도 준치라고, 여전히 이 거리에는 공구상들이 남아 있다. 아직도 이곳에는 오래되지 않은 과거에 우리나라의 경제 발전과 함께 많은 기계용 공구를 제작하여 공급하던 거리의 모습이 그 잔영으로 남아 있다. 수기로(須奇路) 거리는 과거의 역사를 고스란히 담고 있는 곳이다. 그것은 지명을 통해서 확인해 볼 수 있다. 수기동(須奇洞)이라는 지명은 공수방(公須方)과 기례방(奇禮方)이라는 이름에서 유래한 것으로서, 공수방은 관청에서 필요로 하는 공예품을 만들던 장인들이 살던 동네라는 의미이다. 즉, 이곳은 광주의 읍성 밖에 존재하는 공수전 터였다. 오래 전부터 이곳은 장인들의 전통을 지니고 있었다.

근세에 들어와서는 1917년에 광주 전등(電燈) 주식회사가 이곳에 자리를 잡았다. 이 공장은 당시 자본금 5만 원으로 설립한 회사로서 일반 가정에 전기를 공급하였다. 이 공장에 노동자들이 많이 근무하면서 이곳에는 이들을 대상으로 한 각종 잡화상들이 몰려들었다. 또한 목화에서 씨를 빼서 솜을 만드는 조면(繰綿) 공장 등이 이곳에 들어섰다. 해방 후에는 용문당이라는 대형 잡화상이 만들어져 일제 강점기에 이룩한 영화를 고스란히 이어받았다. 그리고 광주에 상무대라는 군부대가 자리 잡으면서 군용 차량을 위한 각종 부속품을 만들어 공급하였다. 군용 자동차의 부속품 공급은 자동차가 없는 당시에는 매우 중요한 수입원이었다. 다시 대중교통이 발달하면서 여객회사라는 버스 운송 회사가 자리 잡았다. 버

가스 화덕

작업용 장갑

가게 안내 전화번호

스 운송 회사는 이미 부속품상이 형성되어 있어서 각종 차량을 수리하는 데 큰 이점을 가지고 있었다. 그러나 이 거리는 광주의 도심에서 가까운 거리에 입지함으로써 점점 그 영화로움이 꺾이어 갔다. 도시 정비 사업의 일환으로 광주 풍암 지구에 대형 현대식 공구 단지가 조성되자 도심의 공구상 거리에 있던 많은 상인들이 수기동 거리를 빠져나갔다. 그래도 과거의 영화는 남아 있어서 아직도 수기로에는 공구상이 존재하고 있다. 역사적으로 보아도 이곳은 장인들의 수공업에서 공장제 산업과 자동차 정비 산업에 이르기까지 사람들의 손길을 필요로 하는 산업을 면면히 이어오고 있다.

수기로의 거리 구조는 단순하다. 수기로를 따라서 직선으로 이어져 있다. 거리는 그렇게 길지 않은 정도로 세 블록에 걸쳐서 존재한다. 그렇기에 이 길을 찾는 것은 어렵지 않다. 공구상 거리인 수기로의 폭은 편도 1차선 정도의 폭을 가지고 있다. 과거 직선상의 도로변에는 공구를 팔거나 만드는 가게들이 빼곡하게 들어서 있었으나 지금은 30여 개의 가게들만이 늘어서서 이 거리를 지키고 있다. 수기로 초입에 있는 공구상들은 자리를 떠서 더 큰 곳으로 이주하였다. 그래도 배운 도둑질이 공구 만지는 일이라고 이곳의 사람들은 전업을 하지 않고 이 일을 계속하고 있다. 공구상에서는 고추 빻는 기계, 가스 화덕, 선풍기, 파이프, 작은 나사못 등도 팔고 있다. 우리의 일상에서 필요한 물품들을 영업용이든 가정용이든 구분하지 않고 판다. 수기로의 초입에는 아직도 일제 강점기의 공장 터가 남아 있는 곳이 있다. 이 건물은 한 줄로 늘어선 공구상들의 맞은편에 위치하고 있으며 붉은 벽돌로 촘촘히 세워져 있다. 현재는 이 건물의 일부를 개조하여 주차장 등으로 활용하고 있다.

이 거리에는 공구상마다 다양한 경관이 연출된다. 기름때가 묻어나는 바닥, 기름으로 얼룩진 장갑들과 긴 멜빵바지가 공구 가게 거리의 전형적인 모습이다. 이 거리에서 이 모습 전부를 찾아보기는 어렵지만, 경운기를 판매하고 수리하는 농기구 상사에서는 바닥의 묵은 기름때와 기름 먹은 장갑을 볼 수 있다. 공구 재료, 전열기, 볼트, 환풍기, 고무 벨트 등을 파는 전기 공구 가게에서는 주인이 오갈 수 있을 정도의 틈만 남겨 놓고서 빼곡하게 물건을 진열해 두고 있다. 그 진열된 틈에서 물건을 빼내서 파는 것이 신통해 보일 정도다. 그리고 파이프를 파는 가게에는 파이프관 속으로 빛이 투과하여 생긴 명암이 깃들어 있다. 어린 시절에 파이프 한쪽에 입을 대고 맞은편에 다른 친구의 귀를 대게 한 후 소리가 전달되는 느낌을 얻던 추억도 생각난다. 세상을 넓게 바라봐도 되는데 파이프의 작은 구멍으로 태양도 보고 산도 보고 친구도 바라보던 추억이

○ 가게 내부 모습 1 | ○ 가게 내부 모습 2

있다.

　공구상 거리의 핵심은 소리에 있다. 밀링 머신이 돌아가면서 쇠를 깎는 데시벨이 높은 소리, 보기에도 둔탁하고 무시무시한 쇠망치로 철판을 두드리는 소리, 그라인드로 쇠를 가는 소리, 그라인드로 달구어진 쇠가 물속에 들어가면서 "픽~" 하며 식는 소리, 물건을 배달하는 짐받이 자전거의 딸랑이 소리, 경운기를 시운전하며 엔진 돌아가는 소리, 세공 장인이 힘겹게 철제 계단을 오르는 소리, 주변의 도로에서 나는 자동차 소리, 공구로 오래된 암나사를 툭툭 칠 때 기계가 부딪치며 나는 소리, 다시 암나사를 수나사에 꼭 끼게 틀어박는 기계 소리, 일감이 없는지 잠시 휴식을 취하는지 모르겠지만 세공업자들의 작업실에서 융판 위에 내리칠 때 화투장이 짝짝 달라붙는 소리와 3점이 난 후 "고!" 하는 목청 높은 소리, 그리고 사람들의 물건 주문 받는 전화 소리 등이 있다. 이 중에서도 거리에서 가장 큰 소리는 밀링 머신으로 쇠를 깎는 소리다. 그러나 이 소리보다 더욱 크고 듣기 좋은 소리가 있다. 그것은 전화로 물건 주문을 받는 사장님들의 목소리다. 아마도 이 거리의 가게가 살아 있음을 웅변하는 소리일 것이다. 소리에서 힘을 얻고 소리에서 생산의 기쁨을 얻고 소리에서 내일의 희망을 얻는다.

　공구상 거리의 주인공은 장인(匠人)이다. 대부분 가게들이 1인 사장 체제이기 때문에, 가게 주인은 사장

이자 노동자다. 그래서 이곳은 기술을 가진 사람이 가장 중요하다. 그 중에서도 정밀 공장의 밀링을 이용하여 원하는 정도로 쇠를 깎기 위하여 부속품을 장착하는 주인 아저씨의 빠르고 예사롭지 않은 손길이 눈에 띈다. 주인 아저씨는 보기에도 큰 나사를 깎고 있다. 잠시 후 눈살을 찌푸리게 하는 쇳소리가 난 후에 하나의 나사가 탄생하였다. 신통하게도 밀링 기계는 결을 따라 나사를 잘도 만들어 냈다. 그리고 기계는 그 깎은 흔적과 함께 쇳밥이라는 부산물을 만들어 냈다. 그 쇳밥을 둘둘 말아서 마치 축구공처럼 차고 놀던 시절도 있었다. 그러나 이 쇳밥은 재활용 봉지에 담겨 주물 공장으로 보내진 후 다시 몸을 녹여 새로운 모습으로 변신을 한다.

베어링 가게의 쇠구슬은 참으로 어린 시절의 추억을 떠올리게 한다. 놀이 기구가 변변치 않던 시절 지금의 4~50대들은 땅 위에서 놀았다. 흙바닥이 고른 곳에 사각형으로 구멍을 파고 그 사각형의 가운데에 구멍을 하나 더 팠다. 이 다섯 개의 구멍을 이용하여 구슬치기를 하였다. 구슬치기의 백미는 삼각형 안에 구슬을 넣고 멀리서 구슬을 던져 삼각형 안의 구슬을 캐내어 따먹는 놀이다. 이 놀이의 최대의 강자는 쇠구슬이다. 다른 사람들이 유리구슬로 놀이를 할 때 쇠구슬은 난공불락 그 자체였다. 반면 그 쇠구슬로 삼각형 안의 다른 구슬들을 칠 때, 그 파괴력은 대단했다. 남의 구슬을 몽땅 따먹었다.

또한 철물점의 못도 추억거리다. 어린 시절에는 맨땅 위에서 못치기를 하고 놀았다. 서로 못을 땅에 내려쳐서 상대의 못을 넘어뜨리면 그 못을 따먹게 되는 놀이다. 이 놀이를 할 때는 길이가 길고 못의 귀가 넓은 것이 최고의 강자다. 이것은 상대의 못을 넘어뜨리는 데 있어서 최적의 못이었다.

공구상 거리의 간판은 많이 낡았다. 큰 글씨로 쓰여 있는 간판들은 자신의 주인이 하는 일을 보여 주고 있다. 이 거리에는 '동화상사', '리 볼트', '제일상사', '전일방전', '무력사', '명신 비철금속', '동진상사', '대호전기', '지영정밀', '농기구상사' 등의 상호를 가진 간판들이 있다. 간판은 처마에서부터 위로 매달아 놓아서, 밖에서 보면 마치 슬래브 집처럼 보인다. 이런 형식의 가게 간판은 초기 간판의 유형이라고 볼 수 있다. 이곳의 공구상 가게들은 허름한 단층 한옥 건물에 도로 쪽의 담을 헐어서 고객과 접할 수 있게끔 문을 내어 만들었다. 가게 내부에는 작업실이나 진열장을 만들어 놓고, 가게 안쪽은 살림방으로 만들어 영업과 살림을 겸할 수 있도록 구성했다. 가게의 면적은 넓지 않으며, 과거 유리창으로 되어 있던 가게의 미닫이문은 이제 셔터로 장식되어 있다. 또한 최근에는 기존의 한옥 건물을 헐고서 3~4층의 건물을 지어서 1층에 들어선 가게들도 있다. 이런 가게는 무척이나 깨끗해서 기름밥을 먹고 있는 것처럼 보이지 않는다.

공구상의 가게에는 어지러움과 깔끔

함이 공존해 있다. 물건을 파는 가게든 물건을 제작하는 가게든, 팔 물건과 공구가 정확하게 자리를 잡고 있다. 격자 모양의 작은 박스 안에는 작은 물건들이 담겨 있고, 벽면에는 펜치, 스패너, 드라이버 등 각종 공구들이 벽에 착 달라붙어 있다. 목재 격자 박스의 테두리를 하고 있는 나무에도 못을 박아서 가능한 한 모든 공간을 활용하려는 지혜가 엿보인다. 작은 부품들이 굴러서 행여 밖으로 떨어질세라 그 앞에 막대를 덧붙여 더욱 안정감을 주는 주인의 섬세함도 돋보인다. 중력을 이길 수 있게 제작된 안전 밑받침도 있다. 층층이 선반을 만들어 물건들을 다층으로 선반 위에 올려놓았다. 벽면은 오래 묵은 기름때로 까맣게 되어 있다.

수기로에서는 배달에 사용되는 짐받이 자전거를 볼 수 있다. 굵직한 핸들, 그리고 짐을 충분히 실을 수 있는 뒷자리의 넓은 짐받이 칸과 짐이 앞으로 넘어지지 않도록 하기 위한 높은 짐대를 달고 있다. 그리고 그 주변에는 대형 펌프가 놓여 있다. 펌프를 파는 가게에서 중고품을 옥외에 보관하고 있는 것이다. 힘차게 나사를 깎는 정밀 기계 공작소에 둔탁하고 망치의 양쪽 면이 바깥으로 말려 있는 쇠망치가 보인다. 그러나 들어 보니 가볍기 짝이 없다. 그것은 무쇠 망치가 아니라 알루미늄 망치였다. 이것을 사용하는 이유를 물어보니, 주인은 "망치가 너무 세면 작업하는 쇠에 상처를 주어!"라고 답한다. 삶의 지혜가 새삼 묻어난다. 그리고 그 옆에는 낡고 노란 주전자가 보인다. 오랫동안 사용하여 때가 묻어 있다. 그리고 그 속에 물이 가득하다. 용도를 물어보니, 주인은 "쇠의 열을 식히는 거여!"라고 응수한다. 그라인드로 쇠를 갈면, 쇠에 열이 나서 이를 식히기 위한 물이 필요한 것이다. 아마도 열을 먹은 쇠를 그 주전자에 넣으면 하얀 수증기를 내면서 "피식~" 소리를 내었을 것이다.

수기로와 만나는 중앙로에는 작은 세공업자들의 골목이 있다. 광주에는 100여 개의 세공업소들이 있는데, 이곳에 20여 개의 가게들이 몰려

○ 작업용 알루미늄 망치

⬆ 세공 골목 전경 | ⬇ 세공 가게

있다. 건설한 지 110년 되었다는 건물에 달려 있는 슈퍼마켓의 작은 담 벼락 틈에 골목으로 들어가는 길이 있다. 이곳 도로는 콘크리트로 포장 되어 있지만, 좁아서 재시공을 한 지가 오래되어 보인다. 그 길 위의 겨 우 1미터 남짓한 틈 사이로 20여 미터를 따라 들어가면 작은 세공업소들 이 모여 있다. 그 건물은 과거 일제 강점기에 공장으로 활용하던 것으로 적벽돌의 운치가 남아 있다. 도심에서는 낡은 건물들을 헐어서 주차장 등으로 이용하고 있지만, 이곳에는 가건물이 지어져 있고 작은 세공 가 게들이 그 안에 자리를 잡았다. 여기의 1층에는 ㄹ자형의 통로가 있으 며, 2층으로 올라가는 길에는 갱 영화 속에나 나올 법한 철제 계단이 놓 여 있다. 이 계단은 계단을 딛고 올라가는 이의 몸무게에 따라서 다르게 소리를 낸다. 그리고 그 계단 옆에는 1.5 미터 정도의 폭을 가진 ㄴ자형 의 작은 골목이 있다. 골목 입구의 높은 곳에는 '호남 분석소'라는 간판이 걸려 있다. 한두 평 정도의 공간에서 사람들이 일을 하고 있다. 그곳은 사무실 겸 작업실로서 도금을 하는 작업장이다. 분석소라고 이름을 지은 것은 보다 전문성을 갖춘 것처럼 보이게 해서 고객들에게 신뢰도를 높이기 위함이다. 검게 얼룩진 실내 벽에는 작업 일정표와 어질러진 전깃줄이 있다.

골목에는 가게들이 하는 일을 사람들에게 알려 주는 'Gold Lee', '유금사', '럭키 금' 등의 상호들이 있는가 하면, '대우사', '가이 분석', '예림사' 등과 같이 정체를 알기 어려운 간판도 있다. 알기 어려운 간판을 단 경우에는 옆에 작은 글씨로 '세공 · 세정 · 도금'이라고 적어서 가게들이 하는 기능을 알려 주고 있다. 이 좁은 골목의 장인들은 드릴로 정밀하게 액세서리를 가공하거나 귀금속에 묻은 때를 세정액에 넣어서 원형의 색을 내 주거나 도금을 하여 새로운 색을 입혀 주는 일을 한다. 장인들은 작은 것을 섬세하게 다루기에 손놀림이 좋아야 한다. 그리고 집중적인 작업을 주로 하기에 이동 반경이 크지 않다. 그래서인지 그곳에는 이동 장애를 가진 장애인들이 많이 일을 하고 있었다.

아마도 이 골목에 남아 있는 세공업자들이야말로 광주 수기동의 전통을 이어받은 사람들이 아닌가 싶다. 다시 말하자면 공예품을 만들어 관청에 공급하는 공수전 터의 끼를 이어받은 것으로 보인다. 이곳 세공업자들의 일감도 많이 줄고 있다며 유금사의 사장이 한숨을 쉰다. 일감들이 광주에서 서울로 올라간다고 탄식을 한다. 작은 세공 일까지 수도권에 잠식을 당하는 것으로 보아, 우리나라는 분명 서울 공화국이 맞는 듯하다.

　이 골목길에 있는 공구상이든 세공업이든 사양길에 들어서 있다. 우직
하게 이곳을 지키는 사람들이 있어서 그나마 그 명맥을 유지하고 있는
것이다. 그래도 사람들은 조선 시대부터 일제 강점기 그리고 한반도 현
대사의 질곡 속에서도 이 거리를 오롯이 지켜왔다. 시대에 따라서 그 모
습은 달라졌지만, 장인의 손길은 똑같다. 그곳에는 장인의 뚝심이 한결
같이 흐르고 있다. 생존을 위한 것이든 장인 정신의 발로든 상관없이 그
뚝심은 위대해 보였다.

　요즘은 그 장인의 손길이 달라지고 있다. 공구상이 빠져나간 그 주변
지역에는 '대창 라사' 등과 같이 '라사' 라는 간판을 단 상호가 많다. 이
것은 양복점을 말한다. 아마도 일본식 표현일 것이다. 그곳에는 양복점
이 꽤 많이 보인다. 그리고 '○○주단' 이라 쓰여 있는 한복집이 많이 보
인다. 그 모습이 어떻든지 간에 손을 이용하는 점은 같다. 모두 다 장인
이다. 장인이 빠져나가고 또 다른 장인이 그곳을 이어받고 있다. 굿은 일

◐ 문을 닫은 가게 | ◐ 다른 용도로 변화한 공구 가게

을 감당하는 장인에서 가볍고 화려한 일을 하는 장인들로 대체되고 있다. 그래도 수기로는 장인의 손길을 느낄 수 있고 볼 수 있는 거리임에는 틀림없다.

이 거리는 기름때가 묻은 공구상의 영화로움이 서린 곳이다. 산업화 시대에 광주 지역에서 필요로 하는 각종 자동차 부품, 가정 공구, 산업용 공구 등을 만들어 공급하는 공구상들이 밀집하여 형성되었다. 가깝게는 일제 강점기부터 형성된 이 거리는 우리 사회의 산업화를 보여 주기에 충분하다. 그리고 작은 세공업자들이 밀집해 있는 좁은 골목길을 볼 수 있다. 섬세한 수공 기술을 바탕으로 이루어진 다양한 삶의 모습을 볼 수 있는 골목이다. 산업화 시대에는 밥을 굶지 않기 위해서 기술을 배우기도 했다. 그 시절에 각종 기술을 배워서 작은 공구상을 유지하고 있는 거리이다. 그래서 근대 산업화의 현장을 보여 줄 수 있는 거리다. 공구가 귀하던 시절에는 그 공구를 가지고 있거나 만들 수 있는 사람이 최고였다. 비록 기름때가 묻어 있지만, 삶의 애환을 가득 갖고 있지만, 그 속에서도 희망을 노래하던 곳이 이 공구 거리다. 아직도 이 거리는 작지만 작은 모습대로 살아 있다. 주변의 작은 세공업자 골목과 함께 근대 산업 문화의 원형을 가지고 있다. 작은 공간에서 마치 맥가이버처럼 못 만드는 것이 없다. 모든 것을 만들어 내던 우리 삶의 기저 문화가 숨 쉬는 곳이다. 이곳을 오가면서 우리나라의 장인 문화가 어떤 모습으로 변화해 왔는지를 목격할 수 있다. 그 흔한 컴퓨터 없이도 오로지 감과 경험과 수작업만으로 한 치의 오차도 허용하지 않는 장인을 보게 될 것이다.

05

홍어가 빚은 거리

이 거리를 지배하는 자는 사람이 아닌 홍어다.

한때 몰락했던 영산포 상가 거리는 택배라는 새로운 판매 방식을

만나 다시금 화려한 부활을 꿈꾼다.

전남 나주군 영산포 홍어의 거리는

홍어의 홍자가 붉은 홍(紅)자인 양 붉은 간판으로 가득하다.

지역마다 고유의 향토 음식이 있다. 향토 음식은 그 고장의 자연환경과 인문환경이 오랜 시간 동안 어우러져서 형성된다. 사람들은 그 고장을 방문하면 거의 대부분 향토 음식을 먹고자 한다. 또한 생활 수준이 높아진 요즘에는 많은 식도락가나 여행가들이 책이나 인터넷 검색을 통하여 그 고장에 관한 정보를 얻고 특정 음식 여행을 하기도 한다. 여행도 즐기면서 먹는 즐거움도 함께 하면 기쁨이 두 배가 될 것이다. 전남 나주의 영산포(榮山浦)에 가면 홍어(洪魚)가 있다. 홍어는 전라도 음식 중에서 그 맛이 독특하기로 유명하다. 영산포에는 홍어를 파는 음식점이 모여 있는 거리가 있다. 이곳에는 홍어를 삭힐 때 뿜어져 나오는 암모니아

영산강과 영산 포구

가스 냄새가 가득하다.

거리의 이름도 홍어의 거리다. 이 거리에는 홍
어를 중심으로 한 도매상과 소매상의 상권이 형
성되어 있다. 이 거리는 영산강변에 새로 조성된
거리로서, 조성된 지는 10여 년이 되었다. 그리
고 홍어의 거리와 나란히 조성된 영산1길을 중
심으로 홍어 가게가 형성되어 있다. 홍어의 거리
와 영산1길은 같은 건물을 사이에 두고서 앞문

과 뒷문으로 통하는 거리다. 원래 10여 년 전에는 죽전거리라 불리는 영
산2길을 중심으로 홍어 상가와 음식점이 형성되어 있었다. 그러나 영산
대로와 영산대교가 만들어지면서 이곳의 교통 조건이 달라지고, 그 결과
홍어 상가의 번영도 옆길로 이동했다.

영산포구는 고려 시대부터 조성된 곳으로 알려져 있다. 고려 말엽에
왜구들이 서남해안에 창궐하여 흑산도 주변의 섬에 거주하는 주민들을
내륙으로 이주시켰다. 그들은 영산강의 뱃길을 따라서 상류로 올라와 지
금의 영산포에 자리를 잡았다. 이곳의 지명이 영산포가 된 것은 흑산도
주변의 영산도 출신들이 이곳에 많이 자리를 잡으면서 고향 섬의 이름을
갖다 붙인 것으로 전해지고 있다. 그리고 일제 강점기에는 포구의 상권
이 크게 번성하면서 성시를 이루었다. 하천 교통을 이용하여 바다에서
올라온 물산과 육지에서 생산한 농산물을 이 포구에서 맞교환하는 전통
이 영산강변 거리에 큰 상가를 형성하여 오늘에 이르고 있다. 아마도 내
륙 육상 교통이 더 발달하기 전까지는 그 영화가 이어졌을 것이다.

먼저, 영산포가 번성할 수 있었던 요인은 하천에 있다. 나주를 통과하여 영산포 앞을 지나서 서해로 흘러 들어가는 영산강은 강의 흐름에 따라서 다양한 포구의 모습을 낳았다. 영산포구 앞의 영산강은 곡류의 형태를 띠는데 영산포 쪽의 수심이 깊고, 그 반대쪽은 수심이 낮다. 즉, 영산포 쪽은 하천의 침식이 일어나는 공격 사면이고, 그 반대쪽은 깎인 물질이 쌓이는 퇴적 사면이다. 하천의 수심은 공격 사면 쪽이 깊고 그 반대쪽은 낮다. 배들은 수심이 깊은 공격 사면 쪽으로 다녔다. 조선 시대까지는 주로 작은 배들이 이 물길로 오갔으며, 이들은 퇴적 사면의 모래사장 위에 배를 갖다 댔다. 그래서 이 시기에는 넓은 퇴적 사면에 선창이 형성되었다. 그러나 일제 강점기에는 보다 큰 배들이 들어오기 시작하면서 수심이 깊은 곳에 배를 대었고, 그곳에 영산포구의 선창이 만들어졌다. 크고 작은 많은 배들이 이곳에 정박하여 포구 흥행의 절정기를 형성했다. 선창가는 자연스럽게 어시장이 형성되고 인근 지역의 사람들이 모여드는 요인이 되었다.

영산포에서 홍어 음식이 유명한 것은 이 영산강을 따라서 이주해 온 이주민들과 밀접한 관련이 있다. 이곳 사람들은 과거 고향 바다에서 먹었던 홍어를 영산강을 따라서 내륙 깊숙한 영산포구까지 배로 싣고 와서 먹었다. 그러나 냉동 시설이 없던 시기라 배에 싣고 오는 중에 홍어가 발효되어 삭힌 맛이 나게 되었다. 이것이 별미가 되어 오늘날까지 이어지고 있다는 설이 정설로 받아들여지고 있다. 이 영산포구를 중심으로 큰 홍어는 인근에서 소비되고, 작은 홍어들은 봇짐장수들에 의해서 영산포로부터 원거리 지방으로 퍼져 나갔다. 이렇게 전라도 지역으로 확산된 홍어는 잔칫집이나 상갓집에서 없어서는 안 될 귀한 음식으로 자리잡았다. 그러나 개발 시대에 들어서면서 영산강 하굿둑이 건설되어 하구에서 배가 더 이상 올라오지 못하게 됨으로써 선창가는 매우 빠르게 퇴색되었고 영산포 홍어도 위기를 맞게 되었다. 대신에 목포에서 육로를 이용하여 홍어를 공급받고 다시 육로를 이용하여 주변 지역으로 재공급하는 망이 형성되면서 활로를 찾게 되었다. 최근에는 택배 보급이 일반화되고 음식 관광 산업이 발전하면서 다시 영산포의 홍어 산업은 활기를 되찾고 있다. 그래서 선창로와 홍어의 거리에는 30~40개의 도매상과 소매상이 집중하게 되었다.

홍어 거리에서 가장 중요한 것은 홍어다. 최고의 상품은 흑산도 연해에서 잡힌 홍어다. 과거에는 흑산도의 홍어가 주를 이루었지만, 지금은 흑산도 홍어 잡이가 신통치 않아서 이국의 홍어가 대세를 이루고 있다. 외국의 홍어를 국산으로 속여 팔던 시대도 있었지만, 지금은 간판에 아

거리의 홍어 가게들 | 선창로 모습

예 '칠레산 홍어 전문' 이라는 표기까지 붙여 놓고 있다. 외국의 홍어 중에도 칠레산이 흑산도 홍어, 아니 우리의 입맛에 가장 근접하기 때문에 인기가 많다고 한다. 영산교 너머에 있는 영산포 입구 거리에는 홍어의 홍자가 붉을 홍(紅)자도 아닌데 붉은 간판들이 즐비하다. 그리고 홍어의 거리 입구에는 각종 홍어 가게의 간판으로 가득하다. '홍어 일번지', '영산포 홍어' 등의 간판이 활개를 치고 있다.

영산포구 등대

'홍어의 거리' 맞은편 선창로에는 과거 영산강의 수위를 재던 등대가 있다. 그 등대 너머에서부터 선창로가 시작한다. 선창로가 시작하는 곳에는 홍어 도매 창고가 있고, 도매 창고에는 홍어 숙성실이 있다. 이곳에는 홍어의 발효로 인한 암모니아 냄새가 도로에 가득하다. 그 암모니아 냄새를 밖으로 빼내기 위하여 지붕을 이중 지붕으로 만들어 놓고 있다. 지붕의 일부를 보다 높게 하여 통로를 만들고 비가 들이치지 않도록 그 위에 작은 지붕을 얹어 놓았다. 선창로에는 이런 도매 창고와 숙성실이 많이 있고, 일부는 가게를 겸하고 있다. 그 선창로에는 좁은 골목으로 이어지는 집들이 있다. 과거 선창가가 왕성했을 때 조그마하게 방을 만들어 살던 흔적들이다.

이 길에서 영산대로를 건너면 홍어의 거리로 이어진다. 거리의 가게들은 대체로 2~3층이며 영산강을 바라보고 있다. 그것은 식당을 찾는 손님들에게 영산강변의 곡류와 퇴적 사면 풍광을 잡아 주기 위함이다. 이

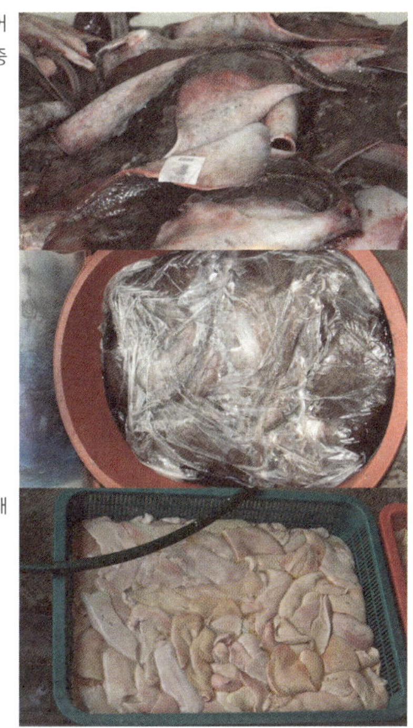

가게들은 영산1길로도 출입문을 두고 있다. 이곳의 상권이 거대화되면
서 가게들도 커지고 있다. 가게의 아래층은 홍어를 손질하고 숙성시키는
공간으로, 그리고 위층은 일반 손님들에게 홍어 음식을 파는 식당 공간
으로 활용하고 있다. 홍어의 거리 상가 벽면에는 과거 영산포의 포구 모
습을 벽화로 담아 둔 곳도 있다.

　다음으로 영산1길을 볼 수 있다. 이 도로는 영산대로에서 구교(舊橋)의
고가도로까지 이어진다. 이 길의 들머리에는 '진영 홍어집'이 있다. 입
구에는 홍어 숙성실이 있다. 그 안에서는 칠레산 홍어가 긴 꼬리를 서로

얽은 채 한 더미 쌓여 있다. 한 쪽에는 플라스틱 상자에 홍어의 내장인 애가 담겨 있고, 다른 곳에서는 붉은 플라스틱 통에 홍어를 넣고 비닐로 덮어서 숙성을 시키고 있다. 냉장고가 없던 시대에 생선을 먹기 위한 참으로 기발한 지혜가 이 홍어에도 넘쳐나고 있다. 가게의 앞쪽에는 홍어 가게들이 4~5개 이어져 있다. 다들 수십 년의 전통을 가지고 있다고 간판에 적고 있다. 그러나 이 가게들이 들어선 시기가 10년 남짓인 것으로 보아서는 다 믿을 것은 못되는 듯하다.

그 홍어 가게들 옆에 통닭집, 청국장집이 이어지고 있다. 사람들이 홍어만 먹고 살 수는 없는 노릇이기 때문이다. 이 도로는 2차선이지만 그래도 지역에서는 넓은 도로에 속하는 편이다. 그리고 그 가게들을 지나면 장의사가 있다. 사람의 죽음을 마무리 짓는 곳이다. 과거에 꽃상여를 만들던 모습도 장례식장에 밀려서 퇴색함이 역력하다. 그 옆은 이미 문을 닫은 술집이 있다. 과거의 영화로움이 퇴색해 버린 벽 장식에 묻어 있

영산1길 모습

다. 페인트는 접착력을 잃어 떨어져 있고 문의 장식도 너덜거리고 출입 문은 꼭 잠겨 있다. 그래도 그 간판은 아직 남아 있어서 과거의 용도를 또렷하게 웅변하고 있다.

과거에 영산1길은 중국인 거리였다. 영산포에 자리 잡은 중국 화교들 이 이 거리에서 포목 가게를 운영하며 비단 장사를 하였다. 그리고 일부 는 중국집을 운영하였다. 중국인 거리라는 과거의 흔적을 찾기는 어렵지 만, 그 시절 작은 포구에 포목점들이 들어섰다는 것으로 미루어 볼 때, 포구의 경기가 얼마나 활기를 띠었는지 짐작할 수 있다. 그러나 이 포구 가 활기를 잃으면서 화교들도 보다 큰 상권을 찾아서 나주로 이주하였 다. 중국인 거리의 비단 장수와 중국집도 함께 나주로 이전하였다.

중국인 거리가 되기 전에 이 거리는 일본인 거리였다. 일본인들은 일 제 강점기에 한반도의 습지, 특히 대형 하천의 배후 습지를 집중 간척했 다. 특히 서해안으로 유입하는 하천의 하구 지역을 집중적으로 간척하여 대규모 농장을 만들었다. 영산포 유역도 여기서 벗어나지 못하였다. 영 산강의 퇴적 사면과 배후 습지를 집중 간척하여 대규모 농지를 만들었 다. 그 농지를 만들었던 일본인들의 집단 거주지가 이 거리에 있다. 그들 은 일본이 패망한 후에도 '영산포인회'라는 단체를 만들어서 운영하고 있다. 그래서 이 도로의 끝 즈음에는 아직도 대규모 일본인 가옥이 남아 있는데, 주택의 원형이 잘 보존되어 있다.

영산1길 옆에는 영산2길이 있다. 이 길은 1차선의 좁은 골목길로서 과 거에 죽전 거리로 불리었다. 즉, 죽을 팔던 거리라는 말이다. 이 길은 영 산포 터미널에서 오일장인 풍물 시장이 있던 곳까지 이르는 것으로 터미

널에서 시장까지의 지름길이다. 이 골목이 과거 영산포의 중심 도로일 때는 사람들이 터미널에서 내려서 시장까지 걸어가는 길이었다. 길은 좁고 중간 즈음에 언덕길이 있다. 그 언덕의 정점에는 좌로 갈라진 오포잔등길이 있고 우로는 영산잔등길이 있다. 잔등이라는 지명에서 짐작할 수 있듯이 이 길은 언덕 위에 형성된 아주 작은 골목길들이다. 10년 전까지만 해도 시장이 있었던 거리다. 사람들의 왕래가 많던 이 길에는 노점이나 상점이 형성되어 있었다. 그 흔적들이 아직도 남아 있는데, 일본인들이 만든 함석 창고들을 개조한 가게가 대표적이다. 영산2길의 초입에는 잡화점, 슈퍼마켓, 쌀집, 방앗간, 상회가 드문드문 남아 있다. 모두 다 과거의 영화를 담고 있는 흔적들이다. 이 거리에는 맨 처음 홍어를 팔던 가게들도 있었다. 소방 도로로 일부 개조한 길에 있는 쌀집이 인상적이다. 쌀집은 2층 함석집으로 되어 있고 안쪽에는 살림집이 있다. 방앗간에서는 참기름을 짜고 고춧가루를 빻고 있다. 방앗간의 둔탁한 기계 돌아가는 소리가 골목을 채운다. 그 안의 고물 같은 기계들, 즉 물을 끓이는 화덕, 떡밥 찌는 기계, 참기름 채반 등이 아직도 그 기능을 다하고 있다.

방앗간을 지나면 영산4길이 나오고, 그 길을 지나면 언덕으로 이어진다. 그 언덕의 정점에는 100년 전에 지어진 영산포 교회가 자리 잡고 있다. 언덕으로 오르는 길은 콘크리트로 포장되어 있으며, 그 가운데에는 계단을 만들어 놓았다. 이 언덕길은 인도와 차도의 겸용 길이다. 사람은

오포잔등길과 정경

계단을 이용하여 언덕에 오르고, 자동차는 포장도로 위로 달려서 오른다. 그 언덕 가까이에는 '희망 참기름집'이 있다. 고개를 넘으면 희망이 보여서 그런지, 아니면 많은 소시민들에게 희망을 주기 위함인지, 오늘은 힘이 들지만 내일의 희망을 바라는 주인의 마음인지 몰라도, 그 이름이 정겹다. 낡은 시멘트 블록집인 참기름 집은 밖에서 보면 허름하기 짝이 없다. 동네 어른들은 아직도 전통적인 방식으로 기름을 짜기 때문에 이곳을 좋아한다고 말한다.

참기름집 옆으로는 오포잔등길이 있다. 겨우 0.5미터에서 1미터 남짓인 폭을 가지고 있는 골목길이다. 언덕 위에 집들이 경사면을 따라서 굽이굽이 지어져 있다. 이 골목에는 굵은 탱자나무 울타리가 있다. 그리고 희망 참기름집 아래에는 지붕이 이층 구조로 된 집이 있다. 이 집은 과거에 두부 공장이었는데, 이층 구조로 된 지붕은 두부를 만들 때 나오는 수증기를 천장으로 뽑아내기 위한 장치다. 이 공장 위로는 작은 집들이 촘촘히 박혀 있다. 대부분 슬레이트

지붕이며 낡은 담장이 이어지고 있다. 담장 위에는 유리 조각과 쐐기를 달아 두었다. 그 고개 정점 바로 아래에는 옛날에 주산 학원이던 건물이 있다. 이젠 사람이 살지 않는 낡은 건물이 되었다. 집의 시멘트 벽에는 담쟁이넝쿨의 흔적이 강하게 남아 있고, 집 옆에는 키 큰 감나무가 자리하고 있다. 이곳의 골목길은 원형(圓形)과 ㄹ자형과 계단형이 혼합되어 있다. 참으로 작은 공간에 많은 골목길이 형성되어 있다.

이 골목에서는 숨바꼭질하던 생각이 난다. 어릴 적에는 골목을 누비면서 몸을 숨겨서 술래를 골려 먹었다. 밤에는 간첩 놀이를 했다. 사방이 깜깜하여 주변을 분간하기 어렵기 때문에 조심스럽게 살금살금 숨죽여 움직이던 놀이다. 이것은 밤의 숨바꼭질이다. 가능한 오랫동안 눈에 띄지 않는 팀이 승자가 된다. 때로는 술래의 집에 들키지 않고 들어가는 경우에 이기는 수도 있다. 이 골목은 굽은 길이 많고 길의 높낮이가 복잡하여 몸을 숨기고 놀기에 참으로 적절하다. 물론 어른들은 자식들을 키우며 그 좁은 공간에서 탈출할 소망을 키워왔을 테지만 말이다. 한국전쟁 이후 베이비 붐 세대들은 별 다른 놀이 시설이 없기에 좁은 골목에서 그렇게 놀았다. 그래도 재미 있었다. 그것은 상대적인 빈곤이 없었고, 내일에 대한 희망이 있기에 가능하였다. 가난의 재생산 구조를 극복 가능했기에, 즉 개천에서도 용이 날 수 있는 희망이 있었기에 가난해도 즐거운 시절이었다. 그리고 자식을 여러 명 낳다 보니, 어느 한 자식은 공부를 좀 잘 할 가능성이 있었다. 그렇기에 부모는 고생도 재미가 있던 시절이었다.

이 골목은 계단을 통하여 다시 영산1길로 연결된다. 고갯길을 넘어서

면 내리막길이다. 그 내리막에는 여관이 서너 개 있고, 일본식 가옥이 한 채 있다. 그 고개를 다 내려가면 낮은 곳에 노인 회관이 있다. 그 자리가 과거에 정기 시장이 있던 자리다. 영산포 교회 위에서 보면 그 지역을 한눈에 내려다 볼 수 있다. 고갯마루에는 허름한 주택들이 있다. 떠날 사람 다 떠난 동네에는 노인들이 주로 살고 있다. 이 집들은 아직도 연탄을 땐다. 칠순을 훌쩍 넘긴 노인이 검은 봉지에 뭔가를 담아서 비탈길을 조심스레 한 발씩 내딛는다. 뭔가 하고 보니, 연탄재를 두 개 담아 왔다. 쓰레기 청소차가 올라오지 못해서 언덕 아래까지 연탄재를 가지고 내려온다. 연탄재를 보니, "연

탄재 함부로 발로 차지 마라. 너는 누구에게 단 한번이라도 뜨거운 사람
이었느냐."라는 안도현 시인의 「연탄재」란 시가 생각난다.

영산포 교회는 고갯마루를 다 점령하였다. 그 교회 밑에는 긴 장대 위
에 빨간색과 흰색의 깃발이 보인다. 무속인의 집이다. 샤먼의 무속 신앙
과 개신교가 담 하나를 두고서 공존하고 있다. 그 고갯길을 내려오면 다
시 일본 가옥이 있다. 과거 영산포 일대 농장의 지주인 일본인이 살던 저
택이다. 나라를 잃은 자는 그의 소작을 하고 굴러 온 돌이 주인 행세를
했으니, 우리는 참으로 속이 뒤집히는 시대를 살았다.

영산포의 상가가 있는 거리는 크게 홍어의 거리, 영산1길과 선창로, 그
리고 영산2길을 들 수 있다. 이 세 도로는 각자 자신들만의 독특한 특성
을 유지하면서 오늘에 이르고 있다. 홍어의 거리는 영산1길로 이어지고
있다. 죽전 거리라 불리었던 영산2길은 10년 전 터미널이 옮겨지면서 시
장길로서의 기능이 점점 퇴색하여 지금은 과거의 흔적과 영화를 일부 간
직한 참기름집 등이 그 자리를 지키고 있다. 사람들은 그 시장과 언덕을
떠났다. 영산1길은 한때는 일본인이, 그리고 다시 중국인이 거리를 지키
며 상권을 형성하였다. 지금은 홍어의 거리, 선창로와 함께 영산포의 홍
어 시장을 재건하는 중이다. 홍어라는 단일 품목으로 새로운 판매 방식
인 택배와 함께 전국의 미식가를 불러들여서 과거의 명성을 되찾고 있다.

사람들은 이젠 영산포 하면 홍어라는 강한 인식을 갖고 있다. 장소는
오랜 세월 동안 형성된 이미지를 담고서 동시대를 살아가는 우리 앞에
서 있다. 그 골목에서는 시대에 따른 홍어와 생업의 다양한 모습과 골목
상권의 부침을 볼 수 있다. 하지만 이곳의 가장 유명한 아이콘은 홍어다.

홍어로 유명한 가게들이 골목의, 아니 영산포의 장소성을 형성하고 있다. 영산포 골목은 시장이 인문 조건에 따라서 달라지고 다시 부흥하는 모습을 보기에 좋은 곳이다. 특히 포구를 중심으로 형성된 상가와 그 상권의 변화를 답사할 수 있는 곳이기도 하다. 또한 맛을 찾아 기꺼이 찾아가는 수고를 마다하지 않는 미식가들의 홍어 사랑을 확인해 볼 수 있다. 홍어는 문화 코드가 되어 영산강 황포 돛단배의 체험까지 연계시켜 사람들을 부르고 있다. 과거의 영화롭던 유전자를 기억하고 있는 영산강의 강물은 사람들이 몰려오면 언제든지 그 유전자를 복제할 준비가 되어 있다.

06

주택가의 골목길이
연출해 낸 삶의 경관들

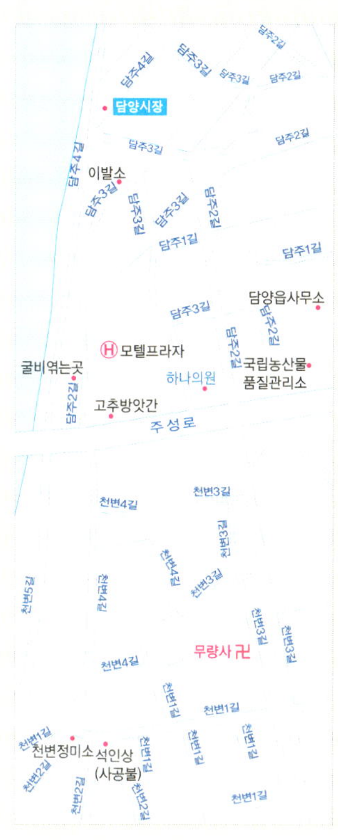

집과 집이 올망졸망 모여서 마치 미궁처럼 변한 곳.

골목이 골목다운 것은 이 고불고불함에 있다.

다만 이 미로의 끝에 자리하고 있는 것은 함정이 아니라

담장, 대문, 화분, 그 밖의 우리들이 잊고 있었던 추억들이다.

전남 담양군 담주리와 천변리에는 그런 것들이 있다.

사람이 사는 데 필요한 것이 의식주다. 그 중에서도 주택은 사람들이 정착 생활을 하는데 큰 영향을 주었다. 사람들은 군집 생활을 하면서 한 곳에 집을 짓고 모여서 살아간다. 집들이 모이면 길을 내서 사람들이 통행하는 데 편리를 도모하고 경계를 나눈다. 그 주택과 주택을 이어 주는 골목길을 따라 삶의 문화를 바라보고 싶어서 담양 읍내의 두 곳을 찾아가 본다.

담양에는 주성로를 가운데 두고서 좌우로 위치한 담주리(潭州里)와 천변리(川邊里) 마을이 있다. 담양읍의 도시화가 덜 이루어졌을 때는 어깨를 나란히 하던 마을들이다. 두 마을에는 골목의 원형에 가까운 좁은 골목들이 많다. 담주리는 담양 장터에 가까이 있고, 천변리 골목은 말 그대로 담주천의 천변에 있다. 이 두 마을은 읍 단위 주택지의 전형을 보여 주며 단독 주택들과 주택 사이로 형성된 골목길이 많다.

마을은 역사를 가지고 있게 마련이다. 마을의 유래는 주로 지명을 통해서 푸는 것이 보통이다. 지명은 마을의 역사를 알려 주는 타임캡슐이

담주의 골목길(뒷골목)

다. 그리고 이 타임캡슐을 열어서 그 의미를 풀이하는 논리 체계는 풍수 지리다. 그래서 현대의 사람들은 지명과 풍수지리를 이용하여 그 터의 기원을 설명하는데, 그것은 대체로 그 터가 왜 좋은지에 대한 근거를 제시하는 것들이다. 이곳 담주리는 고려 성종 14년(995)에 마을이 형성되어 현종 9년(1081년)까지 23년간 칭하던 이름이다. 그 뒤로 마을 이름이 없어졌다가 일제 강점기인 1914년에 행정 구역이 개편되면서 다시 그 이름이 부활했다. 그리고 천변리는 담주천변에 위치한 데서 그 지명이 유래하였다. 담양 읍내는 풍수지리상 배 모양, 즉 주형(舟形)이어서 배가 가기 위해서는 사공과 키가 필요한데, 천변리는 그 키가 있는 곳에 해당한다. 담양의 풍수지리상 이 마을은 매우 중요한 역할을 수행하는 장소다. 또한 이 마을은 여름철에 담양 읍내에 내린 물들이 모여서 담주천으로 흘러들어 가는 곳이다. 그래서 마을에는 홍수 피해를 미리 예방하고 경각심을 불러일으키기 위해서 석인상을 세워 두고 있다.

담양 읍내의 중앙로에서 담주1길과 담주4길로 이어지는 곳이 골목길의 중심을 이루고 있다. 담주2, 3길은 도로가 확장되면서 골목으로서의 기능과 모습을 잃어버렸지만, 담주1길과 담주4길은 과거의 모습을 간직하고 있다. 담주1길의 별칭은 뒷골목이다. 담양 시장과 연결되는 길지 않은 좁은 골목이라서다. 이 골목은 아스팔트로 깔끔하게 포장되어 있고, 그 도로의 주변에는 담양 시장과 관련된 생업이 일어나고 있다. 뒷골목의 초입에는 소금에 잰 굴비를 노란 띠로 엮는 작업을 하는 가게가 있다. 굴비를 상징하는 띠인 노란 띠를 가게마다 작은 리어카에 싣고서 배달하는 아주머니도 볼 수 있다. 굴비들이 시장 뒷골목 가게에서 20마리

담주의 굴비 가공 모습

에 한 두름씩 차곡차곡 엮이고 있
다. '굴비 엮듯이'라는 말이 실감
날 정도로 주인은 능숙한 솜씨로
굴비를 크기대로 배열하여 엮어
낸다. 이 굴비는 다음 장이 설 때
내다 팔린다. 가게 주변에는 이것
들을 운반하는 도구들도 보인다.
물건을 싣기에 편리한 긴 리어카
가 후미진 골목을 지키고 있다.

　담주1길의 명소는 고추 방앗간이다. 이 방앗간은 일제 강점기부터 자
리를 잡고 이 뒷골목을 지킨 산증인이다. 철분이 물과 반응을 하여 짙은
적색으로 녹이 슨 함석지붕은 처마를 길 쪽으로 늘여 뺐다. 함석지붕의
작은 골을 따라서 처마 밑에 중력 방향으로 낙숫물이 떨어져 땅을 파던
모습이 생각난다. 그리고 겨울에는 그 골마다 긴 고드름
이 대롱대롱 매달려 아이들에게 장난감이 되어 주기도
했다. 이 집의 문은 미닫이문이다. 가게 문을 들어설 때
미닫이문 밑의 도르래가 돌아가는 소리가 경쾌하다. 이
문은 장방향의 유리 창문을 가지고 있다. 유리창으로 보
이는 방앗간 안에는 고추를 빻는 기계, 떡을 빼는 기계
등이 손님을 기다리고 있다. 일정한 박자로 돌아가며 쌀
가루를 만드는 기계 소리가 추억을 불러일으킨다. 각종
가루가 뿜어져 나오는 곳이기에 환기가 중요하다. 그래

서 이 집의 천장은 높고 높다.

　뒷골목인 담주1길과 수직으로 교차해서 만나는 길이 담주2길이다. 이 길에는 주택들이 도열해 있고 주택의 담과 담이 이어져 있다. 그 담과 담 사이로 골목길이 형성되어 있다. 골목에는 사람들이 사는 데 필요한 것들이 있다. 담벼락에는 도시가스의 배관, 계량기, 빗물을 지붕에서 골목으로 빼내기 위한 홈통, 낯익은 우편함, 가스 배출을 위한 알루미늄 배기관, 밖으로 빼낸 보일러 등을 볼 수 있다. 이 모두가 사람이 생활을 하는 데 반드시 필요한 것들이다.

　골목에는 사람 사는 모습이 있다. 처마가 낮은 집의 안뜰에는 햇볕이 잘 들지 않는다. 이 골목에서도 예외는 아니다. 이런 집은 햇볕이 잘 드는 담벼락에 빨래걸이를 옮겨 놓는다. 이 골목에는 처마 양끝에다 빨랫줄을 매달아 놓고 그 가운데를 장대로 받쳐서 빨래걸이를 만들어 놓았다. 그리고 빨랫줄에 옷걸이로 옷을 걸어 두거나 집게로 옷이 날아가지 않도록 해 두었다. 빨랫줄에 걸린 옷들은 해의 반대쪽인 담벼락에 자신들의 그림자를 만들어 두었다.

　골목에는 창문이 있다. 키 작은 지붕은 어른들의 눈높이보다 낮은 곳

담주의 골목길(뒷골목)

에 창문을 두고 있다. 골목의 키 낮은 창문들은 주인들에게 사생활 보호와 개인 재산 보호 등에 관한 심리적 불안감을 주기도 한다. 그래서 창문들에는 격자 문양을 한 철망, 알루미늄 망 등이 덧씌워져 있다.

골목의 집들은 집의 뒤뜰과 담의 간격이 좁은 경우가 많다. 이런 경우에는 비가 오면 빗물이 집 안으로 떨어진다. 이것을 방지하고 뒤뜰의 공간을 유용하게 사용하고자 처마와 담 사이에 슬레이트를 내달았다. 그래서 지붕에서 흘러내리는 빗물을 골목길로 곧바로 떨어지도록 했다. 그러나 슬레이트를 내달 경우에는 햇볕이 들지 않아서 습기가 차는 문제가 생기는데, 이를 보완하기 위하여 반투명의 플라스틱 슬레이트를 일정한 간격으로 사용하고 있다. 집집마다 골목으로 흘러내리는 빗물은 골목을 채우고, 다시 집터가 낮은 집의 대문을 통해서 빗물이 흘러들게 된다. 그리고 이를 방지하기 위하여 대문 아래에는 군대 초소와 같이 빗물 유입을 방지하기 위한 돋움 장치를 해 두기도 한다.

담주리의 주택 골목에서 가장 인상적인 점은 집의 출입구인 대문이다. 대문은 담과 담을 이어 주고 폐쇄적인 담에 개방 공간을 준다. 주택의 대문은 모양, 장식과 재료에 따라서 다양하게 나타난다. 대문의 재료로는 철판, 함석, 나무, 알루미늄 등이 주를 이루고 있다. 철제로 만든 대문은 요철을 이용하여 문양을 내고 두 짝으로 만들었다. 그 문의 왼쪽은 고정문이고, 오른쪽은 작은 문을 달아 출입을 하는 문이다. 오른쪽에 출입문이 있는 이유는 대부분 사람들이 오른손잡이이기 때문이다. 철제 대문의 윗부분에는 삼각형 모양의 장식을 달고 있는데 그 장식의 윗부분은 뾰족하게 만들어 놓았다. 이것은 문을 넘어오는 자에게 경고하고, 이를 통하

⊙ 나무 대문 | ⊙ 함석 대문 | ⊙ 함석 창고 문 | ⊙ 섀시 문

⊙ 알루미늄 대문 | ⊙ 철재 대문 | ⊙ 대문

여 주인의 심리적 위안을 얻고자 하는 문양이다. 대문에는 언제 올지 모르는 편지를 받을 수 있는 우체통도 갖추고 있다. 철제문 최고의 장식은 사자 머리 손잡이다. 대문의 양쪽에 사자의 갈기가 잘 드러나 있는 사자 두상의 입에다가 대문의 손잡이를 달아 둔 장식이다. 철제 대문의 색은 주로 녹색이다. 사자 머리 문양의 손잡이를 단 철제 대문이 주택 대문의 패션을 주도한 적이 있었다. 산업화의 상징인 철제로 만든 문은 그 지역에서 부의 상징이 되기도 하였다. 하지만 철제 대문도 세월과 함께 비바람에 산화가 일어나서 대문의 밑단이 녹아내리고 있었다.

골목에는 함석문도 있다. 함석문은 싸리문을 대체한 초기 대문으로 볼 수 있다. 가로와 세로로 막대를 대어 문틀을 만들고 위에 함석을 입히면 대문이 된다. 함석은 가볍고 상대적으로 값이 싸서 문을 만드는 재료로 자주 이용되곤 하였다. 그러나 함석은 얇고 산화가 잘 되며 강하지 않아서 녹이 쉽게 슬고 구멍이 잘 나는 약점을 가지고 있다. 함석 대문에는 두 짝의 대문에 잠금장치도 잊지 않고 달아 두었다. 주인은 벽돌을 쌓아서 문기둥을 만들고 그 외벽을 시멘트로 곱게 발라 두었다. 그리고 그 시멘트가 마르기 전에 경첩을 꽂아 마르면서 단단해지게 하였다. 기둥의 맨끝은 사각뿔로 모양을 내는 것도 잊지 않고 있다. 이 대문도 세월의 흐름 때문에 문의 위에서부터 녹물이 흘러내리고 있다.

또 다른 문은 알루미늄 대문이다. 이 대문은 보기에도 튼튼해 보인다. 대문을 만든 지는 그렇게 오래되지 않은 것으로 보인다. 대문의 기둥은 적벽돌로 곱게 단장하여 만들었다. 문을 매단 경첩도 단단해 보인다. 문짝은 알루미늄을 가지고서 2단으로 틀을 짜고 세로로 알루미늄 봉을 촘

촘촘하게 넣어 두었다. 그리고 손잡이는 오른쪽 문에 둥근 장식을 해서 달아 두었고, 그 표면에는 장수의 상징인 학이 새겨져 있다. 대문의 위쪽에는 2단의 꽃 장식을 해 두었다. 그 왼쪽에는 동일한 위치에 노란 열쇠 구멍을 달아 두었다. 기둥에는 편지함과 초인종이 달려 있다.

나무로 만든 대문도 있다. 이곳의 나무 대문은 빨간색으로 칠해져 있다. 어느 대문은 검은색도 있다. 그 문을 자세히 보니 빨간색 위에다 검은색을 덧칠했다. 나무 대문에는 요철을 이용한 장식이 있었고, 세월과 함께 페인트칠은 벗겨졌어도 그 모습은 옛 모습 그대로다. 대문의 페인트는 바닥에서 튀어 올라오는 빗물로 인하여 아랫부분이 윗부분보다 많이 변색되어 있다. 나무 대문은 집 처마의 벽을 터서 문을 내었다. 그래서 대문 위에는 슬레이트가 지붕처럼 놓여 있다. 대문에는 자물쇠가 달려 있다. 쪽문을 달아서 출입을 하도록 했다. 사각으로 각목을 댄 후 두 짝의 문을 달아 두기도 하였다. 오른쪽 문은 다섯 개의 가로대를, 왼쪽 문은 두 개를 대서 불균형의 조화를 취하고 있다. 대문에는 무쇠로 만든 둥근 문고리도 달려 있다. 오른쪽 문의 상단에는 편지함과 문패가 달려 있다. 지나가는 차로 인해 튄 물을 그대로 뒤집어써서 검은색 바탕에 회색이 어지럽게 난무하고 있다.

또 하나의 문은 창고의 출입문이다. 담을 직접 뚫어서 창고 물품을 들이고 내기 편하게 두 짝의 문을 내 두었다.

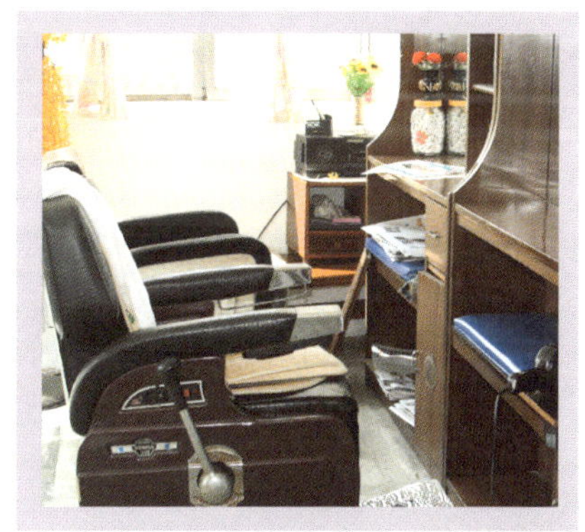

함석으로 만든 문은 여닫이가 아니라 떼고 붙이는 식이다. 담주2길의 끝에는 과거 쪽방이었던 곳의 문이 있다. 작은 문짝 하나를 알루미늄으로 만들어 달아 두었다. 문의 아래는 세로로 알루미늄 판을 달았고, 그리고 위쪽은 유리창으로 되어 있다. 이런 문이 한 건물에 다섯 개가 달려 있다.

담주2길의 끝에는 이발소가 남아 있다. 바닥에 아직 머리카락이 남아 있는 것으로 보아 손님은 있는 듯하다. 이발소의 모습은 과거의 모습과 다르지만 여전히 남성 전용 공간으로서 명맥을 유지하고 있다. 이발 기계, 가위, 면도할 때 얼굴에 바르는 비누액, 그리고 뒤로 젖힐 수 있는 의자가 있다. 어린 시절에 이발소 의자가 너무 커서 의자의 양쪽 팔걸이 위에 나무판을 댄 후 그 위에 앉아서 머리를 깎던 기억이 난다.

담주2길의 끝은 담주4길로 이어진다. 그 길엔 동네 사람들이 '골목길'이라 부르는 골목이 있다. 골목은 그곳에 사는 사람을 닮는다. 골목에 누

◔ 담주4길 골목 | ◑ 돌담과 대문 | ◔ 텃밭

가 사느냐에 따라서 골목에 대한 대접도 달라진다. 골목길 입구의 첫 번째 집 아주머니는 그 골목을 책임지는 분이다. 골목길 담벼락의 작은 화단에 심은 과꽃이 분홍빛 자태를 뽐내고 있었다. 아주머니가 골목길의 작은 틈을 이용하여 화단을 조성하여 골목의 삭막함을 줄이고 있다. 이 화단의 백미인 능소화나무는 진한 생명력으로 골목의 흙 몇 줌에 뿌리를 박고서 거친 삶을 견뎌내고 있다. 능소화 넝쿨은 크게 자라서 주인집의 지붕 위와 대문으로 그 가지를 펼쳐 놓고 수채화를 그리고 있다. 능소화가 이렇게도 강하게 살아가고 있는 것은 그 골목의 담과 콘크리트 바닥보다 먼저 그 자리를 점유했기 때문일 것이다. 골목에는 고무 통 화분도 있다. 고무 통 속에 흙을 담아서 관상용과 식용용으로 벼, 고추, 과꽃, 장식 고추 등을 심고 있다.

그 골목길을 좀 더 접어들면 콘크리트 담이 이어지면서 벽돌담이 보인다. 벽돌담은 장력을 최대화하기 위하여 벽돌을 지그재그로 서로 엇갈리게 해서 8단으로 세워 쌓았다. 그리고 마지막 단은 미적 장식을 위해 벽돌을 옆으로 눕혀서 쌓아 벽돌이 지닌 3개의 구멍을 길가로 보이게 하는 멋을 잊지 않고 있었다. 마지막 단 위에는 시멘트와 고운 모래를 섞은 타설물을 이용하여 삼각형 모양을 만들어 놓았다. 주인은 그것으로 담을 마무리 짓지 않고 그 위에 유리병 조각을 꽂아 두었다. 도둑이 담을 넘지 못하도록 하기 위함일 것이다. 그러나 도둑도 그것을 알고 있을 것이기에, 이것은 오로지 집주인의 심리적 위안을 얻기 위한 것임에 틀림없다. 골목은 더 좁은 골목으로 이어지면서 골목의 끝을 보이고 다시 담주3길이 된다. 골목이 돌아서 다시 골목으로 이어지는 것이다.

담주리의 길을 벗어나 천변로를 건너면 곧바로 천변길이 나온다. 천변길은 천변1, 2, 3길로 자기 복제를 하여 골목길이 이어진다. 말 그대로 담주천의 천변에 놓인 길인 천변2길로 들어서면 '무량사' 라는 절이 나온다. 한옥으로 이루어진 주택가에 자리 잡은 무량사의 돌담이 인상적이다. 새 돌로 헌 돌을 보완하고, 돌과 흙을 시루떡처럼 번갈아 쌓아서 만든 돌담이다. 돌담 위의 수세미 꽃이 참으로 아름답다. 골목의 아스팔트와 담 사이의 틈에 채송화들이 피어 있다. 흙 없는 땅에 뿌리를 박고 바짝 엎드려서 생명을 유지하는 자연의 질긴 생명력을 확인해 본다. 그 거친 곳에서 피워 올린 작고 아름다운 꽃에서 종족 번식 본능의 위대함을 본다.

이 골목은 소방 도로의 너비로 길 양쪽에는 키 작은 단층집들이 줄지어 이어져 있다. 작은 창문에다가 낮은 처마와 좁은 마당을 지니고 있는 집들이 줄줄이 도열해 있다. 어느 집은 콘크리트 벽을 길에 대고 서 있는데, 대문은 하나이고 7개의 작은 창문을 가진 쪽방을 지니고 있다. 그 대문의 안쪽에는 공동 마당이 있다. 밖에서 보이는 창문은 두 칸짜리 사각형 창을 양쪽에 미닫이 방식으로 달아 두었다. 그리고 벽은 콘크리트를

천변 골목

타설하여 거칠게 만들어 놓았다. 아마도 벽을 거칠게 함으로써 집의 벽에 접근하는 것을 경계하기 위한 의도일 게다. 그 딱딱한 벽 아래에는 화분들이 줄을 서 있는데, 그 화분에는 고추, 철쭉, 과꽃 등이 심어져 있다. 그나마 삭막한 아스팔트 위에 생명이 있어서 다행이다.

　골목에는 약 50미터의 일정한 간격으로 전봇대가 세워져 있다. 하얀 종이에 '월세 있음'이라고 쓰여 있는 전단이 붙어 있는 전봇대를 지나서, 골목길을 가다 보면 중간 즈음에 천변3길이 나온다. 이곳에서 천변리의 본격적인 골목길이 시작한다. 자동차도 들어갈 수 없을 정도로 좁은 골목이다. 그 골목의 양쪽에는 벽돌담과 대문과 집들이 교차하면서 골목을 이어가고 있다. 골목의 집들은 담을 처마 밑까지 올려서 처마와 담을 하나로 이어 버렸다. 골목의 집들은 거의 모두 이런 형식으로 만들었다. 이렇게 한 것은 골목을 오가는 사람들에게 담 너머로 사생활이 침

천변 골목과 담장

해되는 것을 막고, 빗물이 집 안으로 떨어지지 않게 하기 위함이다.

벽돌담은 떨어지는 낙숫물에 풍화가 일어나 검은 자국이 나 있다. 그 담이 대지와 닿는 곳에 쑥부쟁이들이 힘겹게 생명을 이어가고 있다. 골목은 좁은 길로 이어지면서 다시 갈라진다. 더 이상 갈라질 만한 길이 없어 보일 때 다시 삼거리가 나온다. 삼거리에는 오가는 사람들의 편리를 위하여 가로등이 세워져 있다. 길은 앞으로 가면서 다시 길을 만들어 이어간다. 골목이 골목다운 것은 고불고불함에 있다. 골목에는 지붕과 지붕도 이어져 있다. 부지런한 주인은 벽돌담에 파란 채색을 하여 얼룩 자국을 없애기도 한다.

골목에는 후미진 곳이 있게 마련인데, 전봇대 밑이 그 대표적인 곳이다. 가로등이 없던 시절엔 어느 취객이 사주 경계를 한 후 시원하게 노상 방뇨를 하던 곳이다. 또한 그곳은 쓰레기를 버리기에도 좋은 곳이다. 그

천변 골목과 담장 경고문

전봇대와 담을 나누고 있는 집주인은 누군가 남몰래 버리고 가는 쓰레기에 몸살을 앓을 지경이다. 참다 못해서 집주인은 빨간 스프레이로 전봇대에는 "쓰레기를 버리지 말 것"이라고 적고, 담벼락에는 "쓰레기를 버리지 마세요"라고 적어 두었다. 두 표현을 보면, 집주인은 쓰레기를 버리는 사람에게 강온의 전략, 즉 명령과 간곡한 부탁을 함께 쓰고 있다.

그 집의 담벼락은 벽돌이 아직 세월의 풍상을 입지 않은 것으로 보아 최근에 새로 쌓아서 단장을 한 것으로 추측된다. 그 담벼락의 맨윗단 벽돌 구멍에 누가 먹었는지 박카스 병들이 꽂혀 있다. 과거에 우체통이 보편적이지 않았을 때는 그 벽돌의 구멍에다가 군대에 간 아들이 부쳐 온 군사 우편 편지도, 부고장도, 연애 편지도, 성적표를 동봉한 학교 편지도, 전기세 등 고지서도 꽂아 두었다. 벽돌 구멍은 우리들이 소통하는 곳

○ 천변 사공불
○ 천변 정미소

골목길의 꽃

이었다.

천변2길과 천변3길이 만나는 곳에 담양 읍내의 키를 걸어 두던 곳이 나온다. 풍수지리상 담양은 배 모양(舟形)의 땅이다. 배가 앞으로 나아가기 위해서는 사공의 키를 걸어 두는 곳이 필요하다. 두 길이 만나는 곳이 바로 사공의 키를 걸어 두던 위치다. 이곳은 담양 읍내에 비가 많이 올 때 홍수가 담주천으로 빠져나가는 길목이어서 홍수 피해가 많다. 담양 읍내의 허한 곳이다. 이런 곳은 늘 경계를 게을리해서는 안 되는 중요한 곳이다. 우리나라 풍수에서는 이렇게 허한 곳을 보완하기 위해서 절이나 탑을 세우고, 숲을 만들고, 석불이나 토성 쌓기 등을 했다. 즉 부족한 곳도 고쳐서 풍수상 좋은 땅으로 만드는 한국형 자생 풍수인 비보풍수(備補風水)의 원리가 적용되고 있는 곳이다. 이곳에는 홍수에 대한 경계를 소홀히 하지 않도록 하기 위하여 사공불(沙工佛) 석상을 세워 두었다.

길이 만나는 곳은 사람들이 모이기 좋다. 사람들이 모이기 좋은 곳에는 정미소가 있다. 그 정미소의 이름은 '천변 정미소' 다. 지금은 도시화가 이루어져서 농사짓는 이가 줄어들었기 때문에 정미소의 기능도 그 역할을 다하여 문이 잠겼다. 그래도 그 위용은 여전하다. 함석지붕을 하고 있는 정미소는 내부에 높은 천장을 확보하기 위하여 이단 지붕을 하고 있다. 벽면도 허름하고 문도 녹슬었지만, 농업 사회에서 가장 큰 건물 중의 하나임에 틀림없다는 듯 주변 건물들을 압도하고 있다. 측면은 우리의 맞배지붕과 같은 모습을 하고 있다. 배고픈 시절에 정미소는 희망의 상징이었다. 집안에 저장 시설이 없을 때는 이 정미소에 벼를 저장해 두기도 했고 일부 가옥에서는 마당 가운데에 임시로 함석을 가지고서 둥근 저장통을 만들기도 하였다. 그리고 저장해 둔 벼로 방아를 찧어서 자식 학비도 만들고 가용 돈으로 쓰기도 했다. 천변 정미소에도 그런 추억을 가진 사람들이 많이 있을 것으로 생각된다.

좁은 길은 큰 길로 만들고 싶은 게 동네 사람들의 심리다. 이곳의 천변 1길은 그 숙원대로 좁은 골목길을 소방 도로의 규모로 확장하였다. 골목길의 확장 공사는 기존의 건물을 헐어야 한다. 그 헐림의 1차 대상은 골목에 붙어 있는 집과 건물이다. 천변1 길에서는 그 헐림의 흔적을 드러내고 있는 건물들을 볼 수 있다. 건물의 일부를 잘라 내서 소방 도로를 넓히는 통에 건물만 애꿎게 동강이 나서 건물의 서까래와 대들보와 상량 등의 속살을 드러내 주고 말았다.

이곳은 주택 골목의 원형을 볼 수 있는 지역이다. 미로형의 주택 골목에는 주택, 담장, 가게, 화분, 창문 등의 다양한 경관이 함께 존재하고 있다. 담주리 골목에서는 주택의 다양한 대문 유형을, 그리고 천변리 골목에서는 자연 발생적인 골목을 볼 수 있다. 골목길 속에서는 경제 활동이나 일상생활 같은 삶을 확인해 볼 수 있다. 이런 일상의 삶이 일어나고 있는 골목과 골목, 그를 이어 주는 골목길을 걸어 보는 것만으로도 의미가 있다. 주택 속의 골목 투어를 통하여 우리네 질긴 삶과 그 생명력을 접해 볼 수 있는 기회를 가져 보자.

＃07
마을 골목길과 돌담과
자연의 아름다움

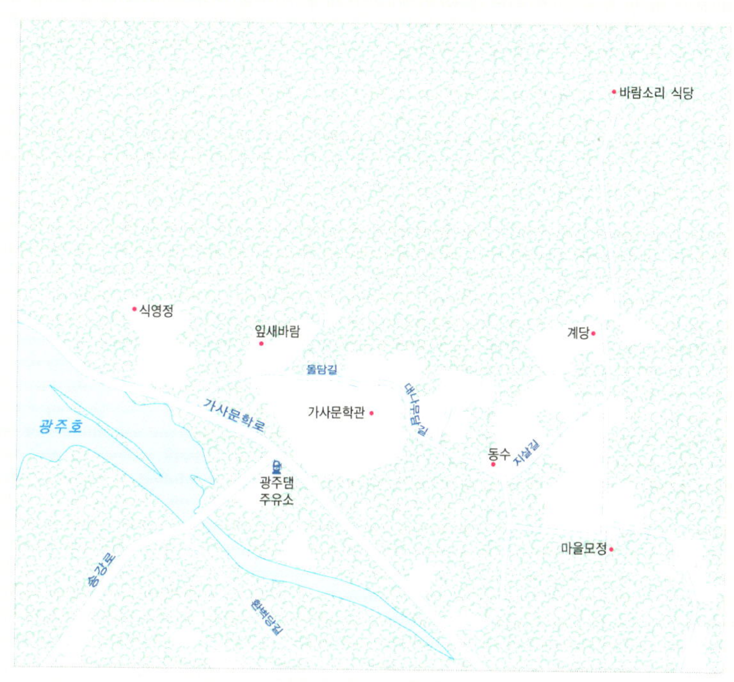

돌담은 인간과 자연이 조화를 이룬 끝에 만들어낸 합작품이다.

보통의 골목길은 담과 담 사이의 공간이지만,

이 곳 사람들은 그 담의 한 쪽을 자연에게 내 주었다.

전남 담양군 지실 마을에 가면 돌담과 나무, 꽃이

어우러져 만든 아름다운 풍경이 오는 이를 맞는다.

가사문학관 뒷담길

마을 골목길은 주민들이 만든 경관이지만, 골목길을 더욱 빛나는 경관으로 만드는 것은 자연이다. 마을의 골목길과 자연이 조화를 이룸으로써 골목길은 단순히 사람들이 오가는 기능을 하는 길 이상의 의미를 담게 된다. 자연과 조화를 이룬 농촌 마을의 골목길을 볼 수 있는 곳이 있다. 그곳은 전남 담양군의 지실(芝實) 마을이다.

골목길은 담을 동반하는데, 이 담의 재료로는 돌, 대나무, 탱자나무 등이 다양하게 쓰인다. 전통 마을인 지실 마을의 길은 자연환경과 조화를 잘 이루고 있다. 마을 입구에서부터 펼쳐지고 있는 돌담 골목은 논, 밭, 집과 어울려 있으며 마을 공동체의 중요한 경관으로 자리 잡고 있다.

이 마을은 마을 북쪽의 장원봉을 배산으로 삼고 있으며 마을 앞에는 너른 들을 지니고 있다. 일제 강점기인 1914년에 행정구역의 개편과 함께 이 마을 이름을 지곡이라 칭하기도 했다. 하지만 마을 사람들은 지실이라는 지명에 더욱 익숙해져 있다. 마을의 당산나무는 은행나무이며, 할아버지, 할머니, 첩 당산나무로 구성되어 있다. 세월이 흘러서 마을에서는 이제 당산제를 지내지 않지만, 여전히 당산나무가 마을의 수호 역할을 수행하고 있다고 믿고 있다. 또한 마을의 위쪽에 있는 '바람소리' 음식점의 주인은 마을 안에 있는 자기 소유의 토지를 자연환경 국민신탁에 기부하여 오래토록 보존할 수 있는 기틀을 마련하였다. 신탁한 토지를 중심으로 반경 500미터 이내는 개발이 제한됨으로써 그 원형을 유지할 수 있게 되었다.

지실 마을의 입구, 즉 광주호의 끝자락이 보이는 언덕 위에는 식영정(息影亭)이 있다. 식영정은 그 풍광만을 보더라도 그림자를 쉬어가게끔 만들 만한 누정임에 틀림없다. 그곳에는 회화나무가 만들어 내는 큰 그늘이 있다. 언덕 높은 곳의 누정에 이르기 위해서는 등성이를 비스듬하게 깎아 만든 돌계단을 따라 올라야 한다. 그 언덕 아래에는 차 한잔하면서 세월을 낚을 만한 두 칸짜리의 작은 누정도 있다. 이 누정에는 작은 마루와 작은 방, 그리고 방에 군불을 지피는 작은 아궁이가 딸려 있으며 선비의 소박한 정취가 묻어나는 곳이다. 이런 주변의 풍광에 매료되어 이곳을 찾는 사람들은 송강 정철이 호수가 내려다보이는, 경관이 좋은 언덕에 누정을 지은 것으로 착각하곤 한다. 그러나 이 호수는 광주 시민의 상수도 공급용으로 건축한 광주 댐이 만들어 낸 것이다. 인공 호수의 긴 물줄기는 식영정이 있는 언덕 턱밑까지 차오른 뒤, 작은 하천인 자미탄을 수장시키는 대가로 아름다운 수변 경관을 연출해 냈다.

식영정 주변의 아름다운 경관에도 불구하고 나의 관심 사항은 식영정에서 시작하여 지실 마을로 이르는 길이다. 그 길이 시작하는 곳에 담양

의 가사 문학관이 있다. 가사 문학관의 둘레에는 길을 따라서 조성된 담장이 있다. 그 담장은 둥근 돌과 황토로 어우러진 돌담이다. 선명한 황토와 돌담 위에 놓은 싱싱한 지붕 기와는 만들어진 지가 오래되지 않았음을 말해 준다. 가사 문학관 뒷담인 돌담은 전통의 멋스러움을 콘크리트 바닥 위에 연출하고 있다. 이 담벼락의 끝자락에는 다른 성질을 가진 대나무 담이 다시 이어진다. 대나무의 특성상 그 밀도가 촘촘하다. 어릴 적 학생들의 손등을 때리던 교사의 대나무 뿌리로 만든 매가 그 굵은 마디와 마디에서 살아난다. 대나무는 그 뿌리의 마디마다 새싹을 틔워서 죽순을 세상에 올려놓았다. 그 죽순이 자라서 또 대숲을 이루었다. 그것들을 가지런히 키운 집주인의 정성에 보답하듯 대숲은 담장으로서의 역할을 다하고 있다. 그 주인은 앞마당으로 죽순이 자라나는 것을 막기 위해서 부단히 죽순을 잘라 냈을 것이다. 대숲 담장은 빽빽하고 키가 크다. 키가 커서 담 밖의 사람들이 주인집을 넘어 보는 것을 막을 수 있다. 그래서 대나무 담은 사생활을 유지하는 데 도움이 된다. 이렇듯 키 높은 대

숲 담장이 없었더라면, 오늘같이 더운 날에 주인이 윗옷을 벗고서 집안을 오가는 일은 힘들었을 것이다.

대숲 담장을 지나면 이어서 돌을 쌓아서 만든 돌담이 나타난다. 새로 지은 돌담은 어른 머리만한 크기의 돌을 가지고서 만들었다. 돌의 크기는 고른 편이고 보통 둥글다. 요즘에 새로 만든 돌담은 그 높이가 한껏 높아서 거의 1.5미터 가량이다. 높은 담은 공동체와 어울리지 않는다. 함께 눈과 어깨를 같이 했던 시절의 담은 그렇게 높은 편이 아니었다. 어른들의 허리춤을 오가는 정도의 높이였다. 또한 최근의 돌담은 폭이 넓어

대나무 숲

◎ 돌담의 큰 돌과 작은 돌
◎ 돌담 모습 | ◎ 위에서 본 돌담 구조

서 적어도 50cm가 넘어 보인다. 폭이 넓으니 돌담도 안정감이 높은 반면 돌을 많이 필요로 한다. 이런 돌담의 바깥쪽에는 굵고 큰 돌을 대고 그 안쪽에는 작은 돌을 구겨 넣는다. 어느 돌담은 겉에 문양을 넣어 한껏 더 멋을 부리기도 한다. 이런 문양을 지닌 돌담은 집주인보다는 집 주변 길을 오가는 사람들의 시선을 더 의식해 지은 것이다. 그 이유는 복원이라는 미명하에 담을 멋으로 쌓았기 때문이다.

전통 마을인 지실 마을에서 볼 수 있는 돌담의 돌은 보통 그 크기가 작다. 일상생활을 통해서 만들어진 돌담의 돌은 상대적으로 작은 편이다.

이 돌담은 집과 집의 경계를 이루거나 경지와 경지의 경계를 구분 짓는 데 사용되는 경우가 많다. 산간 지방이나 약간의 경사지에 자리를 잡은 마을 사람들은 그곳에 터를 잡고 집을 짓고 마당을 만들고 울타리를 만들었다. 그 과정에서 텃밭을 일구는 주인은 엄청난 돌을 걷어 내야 돌밭을 텃밭으로 만들 수 있었다. 호미와 괭이를 가지고서 밭을 일구면서 나온 돌을 손으로 집어 던져서 한 곳에 모으고, 그 돌들이 산더미 정도는 아닐지라도 조금 모이면 내 땅의 경계도 만들 겸해서 차곡차곡 쌓았다. 그래서 이 돌담의 돌은 짱돌에서 큰 돌까지 다양하다. 큰 돌로 기본 터를 잡고서 그 위에는 들기에 편리한 작은 돌을 올려서 쌓았다. 그러므로 이런 돌담은 삶의 적응 양식이다. 다시 말하여 거친 땅을 일구면서 기름진 텃밭으로 만드는 과정에서 만들어진 결과물이다.

그리고 돌담은 자기 영역을 확장하는 과정에서 만들어진 작은 프런티어(frontier) 경관이다. 땅을 개간해 가는 프런티어는 또 다른 개척자, 즉

◎ 대추나무와 돌담 | ◗ 마을 돌담과 깨

부지런한 사람과 만날 수밖에 없다. 이들이 만나면 돌담은 다시 가지를 쳐서 다른 돌담으로 이어지기도 한다. 또한 집들은 모여서 집촌(集村)을 형성하고 있기에 집과 집은 담을 중간에 두고서 만나기도 한다. 이런 경우에도 두 집의 경계를 구분하기 위하여 함께 돌담을 만든다. 이런 돌담에는 공동체가 살아 있다. 돌담은 서로가 서로의 소유를 존중해 주면서 경계 짓기를 한다. 그러나 그 경계 짓기를 위한 담장의 높이는 허리춤 정도로도 충분하였다. 그리고 서로 담장 너머로 음식을 나누기도 했고, 때론 얼굴을 붉히며 싸우기도 했다. 그런 삶을 담고 세월의 풍상을 담아 온 경관이 돌담이다. 이런 돌담은 세월의 풍상 속에서 무너지기도 하고, 무너지면 다시 쌓기도 했다. 담이 무너지는 것을 방지하기 위하여 돌담의 돌과 돌 사이 공극(空隙)이 커지면 더 작은 돌들을 가지고서 이 틈을 메우기도 했다.

또한 돌담은 시간 구성상 긴 시간의 흐름 속에서 만들어졌기에 시간의 담지자다. 사람들은 본능적으로 자기 소유욕이 있어서 땅을 구분하는 용도로 돌담을 이용하였기에, 돌담은 마을의 역사와 그 시간을 같이 한다. 그리고 그 돌담은 마을의 역사를 담아 주는 또 다른 동지인 마을의 나무, 즉 동수(洞樹)와도 시간의 길이를 같이 한다. 마을 사람들은 공동체를 형성하면서 살아가기에 마을 두레를 통하여 돌담길을 보수하기도 하였다. 장구한 시간을 품고 있는 돌담에는 세월의 때가 묻어 있다. 어느 구간의 돌담은 이끼를 품고 있다. 마을의 역사와 함께 만들어진 돌담은 복원이라는 이름으로 만들어진 돌담보다 훨씬 자연스럽고 위압적이지도 않다. 그래서 돌담은 정겹고, 거기에는 마을 주민들의 추억과 개인들 삶의 이야기들이 묻어 있다.

돌담의 매력은 그 자체에도 있겠지만, 다른 식물들이 어울리면 더욱 아름다운 풍경을 자아낸다. 집의 경계를 이루는 돌담 안에는 마당이나 텃밭이 있어서, 그곳에는 주로 감나무, 능소화, 장미, 대추나무, 은행나무, 대나무 등의 나무가 있다. 나무는 돌담보다 높이 자라서 돌담 너머로 자신들의 정체를 드러낸다. 지실 마을의 돌담 위에는 감나무가 있다. 감나무의 땡감이 담장 밖을 넘은 가지에서 떨어져 있다. 떨어진지 며칠 되는 땡감은 떫은 맛이 가셔서 먹을 만하다. 지금은 그것을 먹을 사람도 없다. 오성과 한음처럼 담장을 벗어난 나무의 과일이 누구의 것인지 논쟁을 벌일 일도 벌일 사람도 없다.

돌담장 위에는 호박 넝쿨도 있다. 넓다란 잎을 하늘로 펼치고서 이를 발판 삼아 태양의 녹색 에너지를 빨아들인다. 그리고 그 결실인 누런 호박을 돌담 위에 올려놓고서 키워 간다. 때때로 게으른 주인을 만나면 자기 한 몸도 감당하기 힘든 호박 넝쿨에 그 큰 호박을 대롱대롱 매달아 키운다. 어느 집의 돌담 위에는 능소화가 만발하고 있다. 선비들의 꽃이라는 능소화가 연한 주황색의 자태를 뽐낸다. 꽃은 사람들이 보기 좋게 아래로 향해 있다. 선비들이 왜 이 꽃을 좋아했는지는 모르겠다. 아마도 선비라면 이런 자태를 가진 꽃을 좋아해야 한다는 어른들의 학습 결과일 것이다. 색기(色氣)를 자극하는 도화나 양귀비보다는 이 꽃을 좋아하게 한 이유가 있을 듯하다.

또 한편으로 나무 그늘 아래에 놓여 있는 돌담 위에는 이끼가 무성하다. 여름날 한철이겠지만 그들은 푸른 녹음으로 자신들의 존재감을 웅변하고 있다. 바윗돌에 바짝 달라붙어서 돌담에 녹음을 담아 주고 있다. 여름이 지나면 이끼는 홀씨를 남겨 다음 해에도 생명을 이어갈 거다. 어느 돌담에는 담쟁이넝쿨로 가득하다. 담장의 돌에 바짝 착지를 하고서 떨어지지 않을 기세다. 가능한 한 많은 태양을 잡기 위해서 잎들이 다닥다닥 붙어서 하늘로 향하고 있다. 잎과 잎이 약간씩 겹치면서 반복적인 문양을 만들어 낸다. 그 모습만으로도 오랜 연륜이 묻어나고, 돌담에 고풍스러움이 더해진다.

지실 마을의 돌담 길로 이어지는 곳에는 많은 경제 활동이 동반한다. 오른쪽에는 논이 펼쳐져 있고, 논과 마을 길 사이에는 논에 물을 공급해 주는 작은 도랑이 있다. 콘크리트로 만든 도랑을 따라서 흐르는 물소리에 속도감이 묻어 있다. 그 물은 깨끗하기 이를 데 없다.

그리고 돌담 길 주변에는 텃밭이 있다. 이것은 가족의 작은 공간이자 먹을거리를 공급하는 곳이다. 텃밭에 콩, 가지, 고추, 호박, 감나무, 밤나

무 등이 심어져 있다. 텃밭은 보통 집의 앞마당에 자리를 하고 있다. 집의 뒤꼍에 두는 경우는 거의 없다. 그 이유는 가능한 북쪽으로 집터를 잡아서 햇볕을 많이 맞이할 수 있도록 남쪽 공간을 넓게 해서 집을 짓기 때문이다. 집의 뒤뜰은 집의 지붕으로 인하여 그늘이 져서 식물의 성장에 제약을 받는다. 집을 가능한 북쪽으로 두었으니 대문에서 집 토방까지의 앞 공간은 자연스럽게 넓어진다. 이 공간을 보다 생산적인 공간으로 만든 것이 텃밭이다. 그리고 돌담 길은 이런 텃밭의 맨 바깥 전선에 자리하고 있다.

마을의 입구에는 320여 년간 마을을 지켜 온 동수이자 군 보호수인 은행나무가 있다. 이곳은 돌담길이 마을에서 만날 수 있는 가장 넓은 공간이자 모정이 있고 마을 사람들의 수다가 살아 있는 곳이다. 인구 감소로 인하여 이곳에서 수다를 떨 사람도 거의 없긴 하지만 은행나무는 여전히 마을에 중요한 상징적인 공간이다. 동수 근처에는 한옥으로 된 오래된

가옥들이 있다. 일부는 폐가가 되어 있지만 여전히 그 고풍스러움을 유지하고 있다. 한옥에 늙은 소나무와 은행나무가 곁들여 있으면 더욱 아름답다. 그리고 한옥에서 골목길로 다시 이어지는 곳에서는 대나무 숲이 바람에 몸을 싣는다. 대나무는 하늘거리기는 하지만 절대로 부러지지 않겠다는 각오로 꼿꼿하게 서 있다. 하지만 그런 각오에도 불구하고 일부 대나무들이 숲에 쓰러져 있다. 그 돌담 골목길을 걸어 올라가면 계당(溪堂)이라는 현판이 걸린 한옥이 나온다. 이름 그대로 계당은 계곡에 있는 집이다. 집의 크기는 4칸 정도지만 그 위용이 만만치 않다. 용마루를 하얀 색으로 단장하고 서까래는 하얀 백회와 함께 대조를 이루며 곧게 뻗은 모습이 보기에도 당당하다.

이 집의 주인은 계당에서 바람소리 식당까지의 땅을 자연환경 국민신탁(national trust)에 기증하였다. 국민신탁 제도는 영국에서 시작한 운동으로서 국가의 중요한 역사 유적, 자연환경 등을 소유주로부터 신탁을 받아서 관리하는 공익 활동이다. 이 제도는 국민, 기업, 단체 등(신탁자)으로부터 기부나 증여를 받거나 위탁을 받은 재산 및 회비 등을 활용하여 보전 가치가 있는 문화유산과 자연환경 자산을 취득하고 이를 보전, 관리함으로써 현 세대는 물론 미래 세대(수익자)의 삶의 질을 높이기 위하여 민간 차원에서 자발적으로 추진하는 보전 및 관리 행위이다(문화유산과 자연환경자산에 관한 국민신탁법 제2조). 이 제도는 무분별한 개발에서 역사 유물이나 자연환경을 보존하자는 의도로 만들어졌다. 집주인은 자식들에게 집과 땅을 물려주는 것보다는 시민 단체에 기부하는 것이 집과 땅과 숲과 돌담을 가장 오래도록 지킬 수 있다고 판단한 것이다. 또한 자녀들은 집주인인 아버지의 결단에 흔쾌히 동의해 주었다. 쉽지 않은 결단에 박수를 보낸다.

그러나 모든 결정에는 양면성이 존재하는 법이어서 이렇게 좋은 일을 하는 데에 박수를 보내지 못하는 사람들도 있다. 그들은 다름 아닌 이 집과 토지 주변의 거주자들과 토지의 소유자들이다. 국민신탁법에 의해서

골목 옆의 개천

국민신탁을 한 유물, 자연환경 등으로부터 반경 500m 이내는 일체의 개발이 불허되기 때문이다. 계당의 옆집은 본인의 의지와 상관없이 자신의 재산에 대한 재산권을 행사하는 데 제약을 받게 된다. 이로 인하여 집이나 땅의 매매가 잘 이루어지지

않거나 매매 시에도 손해를 볼 수 있다.

　계당에서부터 골목길은 오르막이 된다. 그 길의 오른쪽에는 계곡에서
내려오는 도랑이 있다. 그 도랑 옆에서 골목길의 담장 역할을 하는 대나
무 숲은 숲 사이로 흐르는 바람 소리를 보듬어 더욱 크게 확대 재생산 하
고 있다. 그 숲은 때론 연인이 속삭이듯이 조용한 소리를 내고, 또 때론
무당이 신기가 올라 딸랑이를 흔들듯 거친 숨을 몰아쉬면서 소리를 내기
도 한다. 대나무는 그렇게 대나무 숲을 지나는 바람을 잡아서 세인들에
게 주기도 하고, 바람에 사로잡힌 사람들에게는 음산한 기운을, 그리고
더위에 지친 사람에게는 시원스런 기운을 준다. 그래서 대나무의 바람
색깔은 듣는 사람의 마음을 닮는다.

　대나무 숲 옆으로 작은 언덕길이 열린다. 콘크리트 길을 가운데 두고
서 키 큰 대나무가 왼쪽에, 그리고 키 작은 배롱나무가 오른쪽에 자리를
잡고 있다. 대나무는 키 큰 어깨를 길 위로 내주어 콘크리트의 삭막함을
보완해 주고 있다. 이 길은 차가 다니도록 배려한 도로다. 사람들은 배롱
나무가 오른쪽에 놓인 소로로 걷
는다. 여기서는 골목길이 오솔길
로 변한다. 담과 담 사이를 지나
던 골목길이 사람들의 삶을 보여
주기에 보다 적합하다면, 이 오
솔길은 사람들의 손길이 닿아 있
긴 하지만 자연을 느낄 수 있게
해 준다. 사람들은 자연 속에서

자연의 아름다움을 맛본다. 그러나 여전히 인간의 주관적인 의지가 중심을 이루고 있다. 자신을 자연의 일부로 보지 못한 채 자연을 관조하고 그 아름다움을 느낀다. 자신을 중심으로 보든 자연을 중심으로 보든 간에, 이곳의 오솔길은 한 폭의 그림이다. 작은 꽃의 군상들이 모여서 아름다움을 연출해 내는 배롱나무의 붉은 기운이 참으로 아름답다. 작은 꽃잎 자체는 그 주름으로 화려하지 않지만, 선홍빛, 분홍빛, 하얀 빛의 꽃잎들이 서로 모여서 꽃의 조화를 만들어 낸다. 배롱나무 숲길에는 호피 문양의 각질을 보여 주는 배롱나무 기둥, 세월을 힘들게 이겨 낸 듯한 나뭇가지의 구불구불함, 그리고 그 가지의 끝에 달린 꽃이 있다.

배롱나무 숲길 아래에는 바위 계곡이 있다. 그 계곡의 바위에도 화강암의 붉은 기운이 배어 있다. 물을 머금은 돌은 진하게, 그리고 물 밖에 있는 돌은 옅게 그 붉은 기운을 토해 낸다. 붉은 기운은 계곡을 두르고 있는 산자락 능선의 소나무에서도 볼 수 있다. 붉은 색을 띠는 적송(赤松)이 산세의 위용을 보여 준다. 이들은 붉어서 신비롭고 경이롭다. 그 붉은 기운들의 틈바구니 속에서 하얀 바탕에 연한 녹색을 한 상사화가 수줍은 듯 고개를 숙인 채로 서 있다. 그 옆에 있는 배롱나무의 붉은 꽃은 백일은 간다고 해서 백일홍이라 부르기도 한다. 죽은 듯, 소리 없이 사라지는 듯해도 죽은 꽃 순을 붙잡고 다시 또 다른 꽃이 피어난다. 그 꽃잎은 져서 길가나 계곡 물 위에 떨어져 있다. 그 붉은 기운만으로도 산수화 같다. 식당 정원의 장식용 항아리 위에 떨어진 꽃잎은 더욱 운치를 자아낸다. '바람소리'라는 식당에서 정식 한 그릇 먹고 나면, 참으로 앙증맞은 찻잔에 국화차를 내 온다. 바람 소리와 배롱의 꽃과 멀리 보이는

무등산 자락의 자태를 한눈에 담고서 편안하게 앉아서 차를 마신다. 그 하늘에는 흰 구름이 뭉게뭉게 피어나고 있다.

지실 마을의 골목길은 자연 속의 골목길이다. 보통의 골목길은 담과 담 사이의 공간이지만, 이곳은 그 담의 한 쪽을 자연에게 내주고 있다. 사람들이 쌓은 돌담에 자연을 품은 대숲과 나무가 함께 어우러진 골목길 모습을 볼 수 있다. 사람들의 욕심이 과할 때면 그 한쪽의 자연이 만든 담을 헐어서 집을 짓거나 주말에만 사용할 별장을 지으려고 했을 것이다. 그러나 이곳의 골목길은 한 쪽을 자연에게 적당히 내주고 가꾼 정도에서 끝을 냈다. 이렇게 끝을 낸 것은 농업 사회에서는 논이 최고의 자산이기에 주민들이 마을 앞에 넓은 평지를 개간하는 쪽으로 마음이 쏠려서일 것이다. 그 원인이 어디에 있든지 지금의 결과는 좋다. 자연을 심하게 파괴하지 않는, 적정한 선에서 돌담 길이 골목을 형성하고 있다. 그리고 이 길은 다시 언덕의 오솔길로 이어지면서 멋진 아름다움을 주고 있다.

지실 마을이 지닌 골목길의 특징은 자연과 어우러져 있고, 일상의 생활 속에서 만들어졌다는 점이다. 이 마을에는, 구릉과 평지 사이에 자리 잡으면서 경지를 개간하고 확장하는 과정에서 돌담으로 구성된 마을 골목길이 있다. 그 돌담 위와 아래와 옆, 즉 주변에는 많은 식생들이 함께하여 골목길의 아름다움과 그 원형을 더욱 잘 드러내 주고 있다. 이 마을의 골목은 걷기에 좋은 곳이다. 이 지역에 널리 존재하는 가사문학과 연계시켜 걷는 길을 만들어 놓으면 더욱 좋을 골목길이다. 그리고 전통 농촌 마을의 형성 과정과 현 주소를 바탕으로 한 체험 프로그램을 개발하면 더욱 값진 문화 체험을 할 수 있는 골목길이 될 것이다.

＃ 08
마을 골목길과
한옥이 만나는 거리

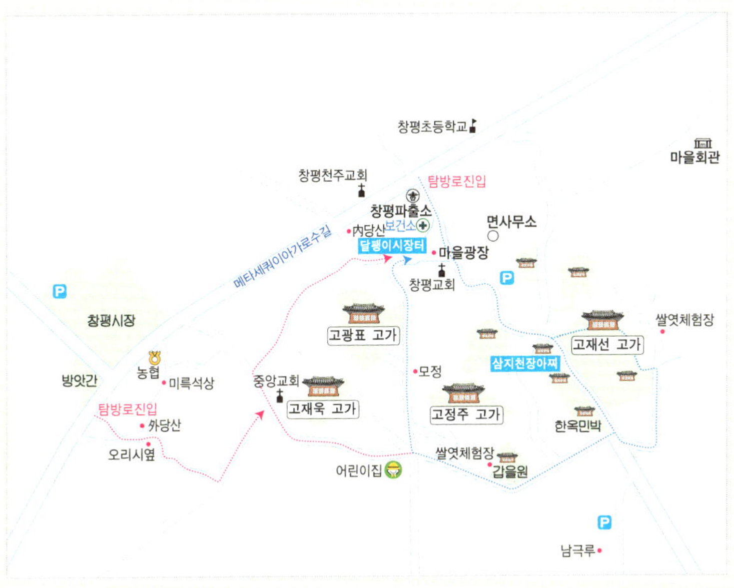

담쟁이 넝쿨로 포위된 한옥에 독일 사람이 그린

어색하지만 멋스러운 한국화가 있는 곳.

한옥 민박집과 돌담으로 이루어진 마을 풍경이 오는 이를 맞는

전남 담양군 창평면 삼지천 마을의 또 다른 이름은

"슬로 시티(slow city)".

대도시가 추구하는 빠름의 문화를 거부하는 곳이다.

마을의 돌담길

  자연 마을은 그 지역의 자연환경을 토대로 그 곳에 사는 사람들의 오랜 노력을 통하여 형성된다. 마을 사람들은 자연환경에 적응을 하기도 하고 자연환경을 개발하기도 하며 마을의 크기를 확대해 간다. 그 과정에서 가옥들이 들어서고 경지가 만들어지고 집과 집을 이어 주는 마을 길도 열린다. 마을 길은 마을의 개척사와 괘를 같이 한다. 자기 집의 담벼락이라는 사적 공간과 마을 사람들이 오가는 길이라는 공적 공간의 접점이 마을 길이다. 마을 길은 어느 곳에나 있지만, 마을 길의 담을 구성하는 요소에 따라서 그 경관과 기능은 다양하게 나타난다. 이 중에서도 돌담으로 이루어진 좁은 마을 길인 골목길은 그 운치가 더하다.

  전남 담양군의 창평면에는 삼지천(三支川) 마을이 있다. 마을의 이름에서 알 수 있듯이 작은

돌담의 구조

실개천이 있는 마을이다. 작은 내를 가진 마을에
는 그 하천의 물길을 따라서 형성된 원형의 돌담
길 골목이 있다. 마을 사람들은 느리지만 부지런
하게 살면서 마을 돌담 길 원형과 전통적 경관을
용케도 잘 간직하여 오늘에까지 이어 가고 있다.
이곳은 마을 골목길의 원형을 고스란히 보여 주
고 있다.

마을의 전통 산업

　삼지천 마을은 조선 초인 1510년경에 형성된 후, 100년 전부터는 고씨
(高氏) 일가가 마을에 자리를 잡으면서 현재에 이르고 있다. 마을의 대부
분 고가들은 고씨(고재환, 고재선, 고정주 등)의 소유다. 그리고 마을에
는 세 갈래의 실개천이 흐르고 있었는데, 새마을운동 등 농촌의 근대화
과정에서 이를 복개하여 농로를 확장하는 데 이용하였다. 그러나 최근에
는 마을이 슬로우 시티(Slow City)로 지정되면서 마을 실개천을 복원하
고자 하는 움직임이 일고 있다.

　삼지천 마을의 골목은 크게 두 갈래로 돌담1길과 돌담2길이 있다. 돌
담 길에 들어서기 위해서는 창평 파출소, 창평 면사무소와 창평 교회를
찾으면 된다. 창평 교회 앞에서 시동길과 만나는 지점에 골목길을 안내
하는 안내판이 있다. 그 앞에는 마을의 당산나무인 느티나무가 자리 잡
고 있다. 이곳은 전통 무속과 서양 종교가 힘겨루기를 하던 터였다. 느티
나무 아래에서는 매월 첫 주 토요일에 '달팽이 시장'이 선다. 시장이라
고 말할 수도 없는 정도의 자그만 규모이지만 마을 사람들이 정성을 모
아 재배한 농산물을 판다. 이들은 전문 상인이 아니라서 흥정도 제대로

할 줄 모른다. 그들은 서두름이 없고 손님들이 물건을 사면 그냥 좋다.

작은 달팽이 시장터를 가로질러 가면 돌담1길이 나온다. 길은 콘크리트로 포장되어 있으며 담장은 돌담으로 되어 있다. 길 양쪽에는 담이 있고, 물 흐르는 방향을 중심으로 왼쪽 담의 아래에 실개천이 복개되어 흐르고 있다. 돌담의 구조는 돌과 흙을 교차하여 쌓는 방식으로 되어 있다. 돌들을 큰 것과 작은 것으로 구분하여 주로 큰 돌을 아래쪽에 쌓고 작은 돌을 그 위에 쌓아서 튼튼하고 안정감있게 만들었다. 돌담 위에는 기와로 지붕을 이어 주었다. 암기와와 수기와를 이용하여 처마 모양으로 지붕을 만들고, 돌담의 중심에서 위로 암기와와 수기와를 3~4단 쌓아 올린 구조를 취하고 있다. 돌담의 지붕은 안정감과 멋을 줄 뿐만 아니라 돌담 안으로 물이 들어가는 것을 방지하여 오랫동안 돌담이 유지될 수 있게 하는 장점이 있다. 보통 전통적인 마을 길은 직선이 없어서 그 길을 따라서 쌓아 둔 돌담도 직선이 없다. 또한 실개천을 따라서 마을의 집을 지었기에 직선이 없다. 우리 선조들은 직선 구조를 선호하지 않았다. 전통적으로 보일 듯 보이지 않고 끊어질 듯 끊어지지 않고 이어지는 동세의 멋을 중요시했기 때문이다. 시쳇말로 오래 전부터 우리 선조들은 S 라인의 묘미를 안 듯하다. 이 골목길에서도 곡선의 아름다움을 엿볼 수 있다.

돌담 1길을 한 고비 돌아가면 고재청(高在淸) 고가가 나온다. 이 마을 자체가 오랜 역사를 지녀서 고가들이 많이 보존되어 있는데, 이 고가도

그 중 하나다. 반상(班常)의 구분이 엄격하던 시대의 반가 주택과 그 구조를 볼 수 있는 곳이다. 오래되었다는 것 그 자체만으로도 이 한옥은 고즈넉함을 보여 주고도 남는다. 마을의 고샅길에서 골목을 지나서 이 고가로 들어가려면 솟을대문을 넘어야 한다. 대문은 나무 문에다가 기와지붕을 이어 놓았다. 그 문의 턱은 우리가 흔히 쓰는 말인 문턱이 높다는 말을 실감하게 해 준다. 문턱은 사람들의 잦은 이동으로 그 가운데가 움푹 파여 있다. 대문을 지나면 사랑채, 안채, 헛간채와 마당이 나온다. 마당 깊은 집은 아니지만, 중문을 통하여 안과 밖을 구분하고 있다. 마당에는 장독대와 작은 정원이 있다. 마루에 걸터앉으면 담양의 남쪽 산자락을 한눈에 볼 수 있다.

고가를 지나면 검은 궁서체로 나무판에 '창평 쌀엿' 이라고 쓴 간판이 대문 기둥 위에 세로로 소박하게 걸려 있다. 엿은 이 마을의 특산품이다.

마을 특산품인 엿

마을에서 전통적인 가내 수공업으로 만들어 오던 엿 만들기 기법이 오늘날 전통이 소중하게 여겨지면서 각광을 받고 있다. 사실 엿 만들기는 집 안 아낙네들에게 장시간의 거친 노동을 요하는 작업이다. 가마솥에 불을 때서 조청을 만들어 실을 빼내듯 반복적인 엿 늘림을 해야 우리가 먹는 엿이 만들어진다. 엿은 구멍이 커야 제 맛이다. 엿치기를 할 때 순간의 힘으로 엿을 꺾어서 승자가 되기 위해서는 엿 안의 구멍이 커야 한다. 과거 쌀로 엿을 만들어 먹을 정도로 풍부한 먹을거리를 제공해 준 창평의 들은 이 마을의 중요한 자산이었다. 다시 골목길을 더 걸어가면 슬래브 지붕 난간에 '전통 쌀엿'이라는 간판이 보인다. 간판의 하단에 노란 글씨로 쓰인 전화번호의 지역 번호가 네 자릿수인 '0684'인 것으로 보아 연륜이 있어 보인다. 전통 마을에서 전통 산업인 특산품을 만드는 것은 마을을 찾는 사람들에게 맛과 볼거리를 동시에 제공하여 수입을 올릴 수 있다는 장점이 있다. 이 산업은 전통적인 농촌 마을을 살리는 데 크게 기여할 수 있다.

골목은 골목을 낳는 법이다. 돌담1길의 골목에서 갈라진 옆의 다른 골목에는 이층 구조의 일본식 기와집이 한 채 있다. 일본식 가옥의 문양 및 구조는 현관 앞의 격자형 유리창 구조와 창호 배열, 실내 내부의 다다미 구조, 일본의 습한 기후에 적응하기 위해 마루를 지면으로부터 높인 올린 구조 등에서 볼 수 있다. 이 집의 기와는 시멘트로 만든 것이며, 집은 낡았고 사람이 살지 않는다. 직전에 이 집에 산 사람은 생활의 편리를 위하여 왼쪽에 시멘트 블록으로 방 한 칸을 달아냈다. 그리고 비가 마루 안쪽으로 들이치는 것을 막기 위해서 처마를 더 달아낸 막대기의 흔적이 아직도 남아 있다. 한옥과 일본식 기와집의 구분이 필요한 대목이다. 일제 강점기를 보내면서 우리네 집들마저도 일본식 가옥을 닮고 때로는 일본 지주의 적산(敵産) 가옥이 마을에 떡하니 들어서게 되었다. 그래서 전통 한옥 마을로 마을의 아이콘을 만들고 싶어 하는 마을 사람들이 이 일본식 가옥의 처분에 대해서 갑론을박하는 것도 무리는 아니다 싶다.

돌담1길에는 한옥 민박집이 있다. 전통 한옥을 지어서 외지 사람들에게 한옥 체험을 즐기면서 하룻밤을 보낼 수 있게 해 주는 민박집이다. 한옥 민박의 안채 건물은 맞배지붕을 하고 있어서 웅장함을 더욱 자아낸다. 지붕 구조의 단순함이 오히려 더 큰 위엄을 준다. 이 집의 대문에도 눈이 간다. 대문의 큰 골

대나무로 만든 한옥의 대문

격은 철제로 만들어서 튼튼함을 주고, 힘을 받지 않는 철제 빔 사이는 대나무로 채워 두었다. 현대와 전통의 조화로움이 이런 모습인가 싶다. 특히 대나무 장식에서 이곳이 대나무의 고장인 담양임을 새삼 실감한다.

돌담1길의 골목길을 빠져 나오면 '창평들'이라고 부르는 마을의 남쪽 들녘이 나온다. 이 들녘은 창평이라는 마을이 한 시대를 풍미한 마을로 클 수 있도록 해 준 성장 동력이다. 창평들의 농업 생산력을 토대로 마을 주민들은 삶을 영위할 수 있었다. 마을 유지들은 그 들녘의 한 곳에 '남극루(南極樓)'라는 이름의 누정을 세웠다. 이 누정은 들녘에 세워져 있어서 상대적으로 더욱 커 보이고 우뚝 솟아 보인다. 특히 남극루는 보기 드물게 평지에 세워진 누정이어서 전통을 쫓는 사람들의 관심을 많이 받고 있다. 그래서 이 누정은 마을의 상징이 되었다. 이곳에서는 해마다 여름

마을 입구의 남극루

에 '창평, 한여름 밤 음악회'를 여는데, 2009년의 주제는 '슬로 시티와 전통 음악의 속삭임'이었다.

남극루를 멀리 앞에 두고서 마을 길의 오른쪽으로 돌아가면 다시 돌담 2길로 이어진다. 돌담 2길은 마을 서쪽으로 돌아가는 길로서 돌담1길보다 더욱 원형을 갖춘 돌담을 가지고 있다. 때로 돌담은 장애물이 되기도 한다. 비가 오는 경우 집안의 빗물이 집 밖으로 빠져나가는 것을 방해할 수 있다. 그래서 집주인은 마당이나 텃밭의 낮은 곳으로 고랑이나 물길을 만든 후에, 거기서 가장 가까운 담의 밑에 물구멍을 만들어 두었다. 이것은 물이 빠져나가는 통로 역할을 한다. 그러나 비가 오지 않을 때에 그것은 개가 들락거리는 개구멍이 된다.

마을 길의 어느 곳이든지, 그 가운데나 길옆에는 두 개의 직사각형 콘크리트 판이 있다. 이것은 일정한 간격으로 배열되어 마을 곳곳에 설치되어 있다. 이것은 마을로 통하는 실개천을 복개한 흔적이다. 그런데 흐르는 물은 모래와 흙을 운반하기 마련이고, 물의 유속이 약한 경우 운반해 온 물질을 개천 안에 쌓아 두게 된다. 이렇게 해서 실개천에 토사가 쌓일 경우에는 콘크리트 판을 들어 올린 후에 그 안을 청소하거나 모래나 흙 등의 준설 작업을 해야 한다. 복개 판 시설은 생활 속 지혜의 한 단면을 보여 준다. 복개 판 밑으로 개울물이 흐르는 소리가 청아하게 들린다.

농촌에 자가용 자동차가 널리 보급되고, 특히 농업의 기계화로 인하여 각종 농기계가 보편화되면서 좁은 마을 길을 넓혀서 통행의 편리를 도모하였다. 그 과정에서 마을 사람들의 이해관계가 가장 적은 실개천을 복

개하여 도로의 폭을 확보하게 되었다. 그런데 요즘 주말에는 외지 사람들에게 마을 앞의 공동 주차장을 이용하게 하고 골목에는 자동차를 주차하지 않게끔 자율적으로 규제하고 있다. 그리고 농촌을 보고 싶어 하는 사람들에게 친수(親水) 공간을 제공하여 더 좋은 체험을 제공할 수 있도록 하자는 주장이 일고 있다. 다시 말하여 콘크리트 복개 판을 걷어 내서 마을 실개천을 복원하자는 주장이 설득력을 얻고 있는 것이다. 물이 흐르는 도랑은 마을에 생명력을 주고, 그런 친수 공간은 사람들에게 모태의 양수 같은 안정감을 줄 수 있다. 차가 다니는 데 조금 불편하더라도 이를 복원하는 수고로움을 기꺼이 감당하는 것이야말로 이 마을이 진정한 느림의 도시, 즉 슬로 시티가 될 수 있게 할 것으로 생각된다.

돌감2길에 있는 고정주(高鼎柱) 씨의 가옥을 지나서 '창평 어린이집' 앞의 골목으로 가면, 순 돌로만 지어진 돌담이 나온다. 돌담은 둥근 돌을

골목길을 가는 노인

올곧게 쌓아 올려서 단아한 멋까지도 보여 준다. 돌담을 지키는 사람도 마을에는 많지 않다. 멋들어진 돌담 아래에는 콘크리트 바닥이 있고, 그 위에 나뭇잎 몇 개가 떨어져 있다. 그 골목길을 힘들게 걸어가는 노파의 뒷모습이 눈에 잡혔다. 세월의 무게를 거머쥔 노파의 느린 발걸음이 우리 농촌의 현실을 웅변해 주고 있는 듯하다. 노파의 힘든 걸음을 보면서도 농촌을 관조의 눈으로 보는 나에게는 돌담의 풍광이 더 눈에 들어온다. 돌담에는 담쟁이넝쿨이 금상첨화다. 실제로 하얀 갈래꽃을 피우는 담쟁이넝쿨 꽃은 돌의 딱딱함을 보완해 주고도 남는다.

돌담의 담장 너머로는 서양식 굴뚝을 갖춘 한옥이 한 채 있다. 붉은 흙벽돌로 쌓아 올린 굴뚝은 이미 담쟁이넝쿨에게 포위되어 있다. 담쟁이넝쿨로 포위된 한옥에는 독일 사람이 집을 빌려서 살고 있다. 이 집의 묘미는 입구에 있다. 입구에 대문은 없지만, 작은 담을 만들어 놓아서 집으로

곧바로 들어올 수 없다. 좌우로 살짝 돌아서 들어오도록 하고 있다. 이것은 자기 집이 밖에서 곧바로 드러남을 방지하기 위함이다. 그 입구를 돌아서면 마당의 정원이 나오고 안채가 보인다. 그 집 마루에 걸터앉아서 앞집 용마루 너머로 보는 푸른 하늘은 산수화가 따로 없다. 그 푸른 눈의 집주인은 거기서 아마추어로 한국화를 그린다. 여름날에 찾은 방의 문들은 서까래 아래로 들어 올려져 있다. 여름날의 시원함이 있어서 좋다. 찬바람이 불기 시작하면 문에 창호지를 새로 발라서 보온과 방한을 하였다. 그러나 한옥의 창문을 보면서 이것이 가진 멋진 풍취보다는 겨울에 몹시 추웠다는 기억이 먼저 난다. 구들을 이용한 온돌 장치가 있긴 하지만 한옥의 겨울나기는 만만치 않은 게 사실이다. 찬바람의 외풍을 잠재울 만큼 단열이 잘 되지 않기 때문이다. 독일인은 한옥의 안채를 서재와 작업실로, 그리고 사랑채를 거실로 사용하고 있다.

골목의 꽃

적벽돌 돌담 골목

이 한옥을 돌아 나오면 돌담 길이 다시 이어진다. 골목의 양지바른 곳에는 비닐 멍석을 펼쳐 놓고 농산물을 말리고 있다. 말리는 농산물에는 토란, 벼, 고추 등이 있다. 이 중에서도 가장 눈에 띄는 것은 고추다. 빨간 고추를 서로 겹치지 않게 멍석에 널어서 태양 빛을 머금은 태양초를 만들고 있는 중이다. 태양초 고추는 농촌 가계에 목돈을 만들어 주고, 곱게 빻여 멀리 객지로 나가 살고 있는 자식들에게 보내질 것으로 보인다. 농촌의 노인들은 소일을 할 수 있어서, 돈도 마련할 수 있어서, 그리고 평생 해 온 일이어서 이 일을 그만둘 수 없다.

골목은 꽃과 어우러지면 더욱 보기에 좋다. 꽃의 이름은 알 수 없어도 골목길 콘크리트 바닥과 벽의 돌 틈에 핀 꽃들은 특별히 의미 부여를 하지 않더라도 보기에 좋다. 돌 틈에서 자라나는 키 작은 채송화, 좁은 틈에 화단을 만들어 가꾼 나무와 꽃은 사적 소유를 넘어서 다수의 사람들에게 눈길을 끈다. 돌담2길과 1길에서는 담장 너머로 자신을 드러내고

마을의 골목

마을 길과 복개 판

있는 크고 화려한 모습의 나무와 꽃보다 한해살이로서 땅에 바짝 엎드린 작은 꽃에 눈이 더 간다.

삼지천 농촌 마을에는 전통적인 모습들이 보존되어 있다. 돌담 길의 원형이 그대로 보존되어 있어서 외지 사람들을 부르고 있다. 이곳에는 돌담의 경관과 함께 전통 가업인 한과와 쌀엿이 있고, 한옥은 현대 사회에서 전통을 지키는 경관이자 삶의 터로서 잘 조화를 이루고 있다. 그래서 이곳은 농촌의 주택가에 형성된 골목길을 마을의 산업으로 연계시키고 있다. 전통을 지키는 것이 힘이 드는 일이긴 하지만 돌담의 원형을 갖춘 곳이 흔하지 않기에 삼지천 마을의 골목길과 한옥은 세상 사람들의 이목을 끌고 있다. 이곳에서 농촌 지역의 골목길을 걷는 골목 투어를 하는 것은 전통을 새롭게 이해하는 방법이 될 것이다. 슬로시티라는 이름에 걸맞게 삼지천 마을의 골목길을 천천히 그리고 느리게 걸으면서 바쁜 도시 생활에 한 줌의 여유를 가져 보는 것도 좋을 듯하다.

09

마을을 걸으며 돌담의
진화를 목격하다

돌담에도 진화론은 존재한다.

전남 담양군 북면 대방 마을이 간직한 돌담의 모습은

그 자체로 돌담의 박물관이 된다.

신식으로 지은 블록 벽돌담,

돌담 위에 콘크리트 벽돌을 올린 이중 담,

창고나 축사의 축대로 변신한 돌담 등 다양한 돌담의 이야기가

두루마리처럼 펼쳐진다.

마을은 공동체를 형성하는 기본 단위이다. 전통적으로 마을은 함께 어울려서 산다. 함께 일하고 놀고 울고 웃고 춤추며 살아왔다. 농업 사회에서는 그 공동체적 삶이 보다 강하게 마을을 지배하였지만, 근대 사회로 들어서면서 마을의 공동체적인 삶도 변화를 겪을 수밖에 없었다. 특히 새마을 운동 이후에 우리 마을은 그 변화의 출발점이 되었고, 산업사회의 도래는 그 변화에 가속도를 붙여 주었다. 그러나 마을이 변했을지라도, 그 수천 년의 시간 동안 지속되어 온 전통은 관성을 아직도 유지하고 있다. 공동체적인 삶의 원형질을 아직도 보존하고 있으며, 변화의 흔적도 함께 담고 있다. 아마도 농촌 마을에서는 산업 사회로의 변화에 연착륙하는 경관들이 드러나고 있다. 그러한 경관으로는 공동체적 삶의 꽃인 두레 정신, 그리고 시각 경관으로는 돌담, 골목길, 빨래터, 모정 등이 있다. 그리고 이 경관들은 마을의 역사와 함께 서서히 변화하고 있다. 그런데 이들을 고스란히 지니고 있는 마을이 있다. 그 마을은 전남 담양군 북면의 원 대방(大舫)이다.

이 마을은 나주 사람인 진의집이 1,400년대에 개척한 것으로 전해지고 있다. 그가 문과에 급제한 후에 이곳에 느티나무를 심은 것이 마을의 기원이다. 한편 지금은 정씨 집성촌을 이루고 있다. 마을의 입구에는 문무겸출지국(文武兼出之局), 충효병전지지(忠孝竝全之址)라는 비석이 세워져 있다. 그 비석으로 보아, 이 마을은 문무를 겸한 사람이 나오

마을 입구의 비석

마을에서 바라본 삼인산

고 충효를 온전히 세울 땅의 기운을 가진 곳이다. 현재 이 마을은 1, 2, 3구로 나누어져 있으며, 그 중에서 대방2구는 윗마을과 아랫마을로 나누어서 부르고 있다.

이 마을로 들어서는 방법은 두 가지다. 그 하나는 북면의 삼인산(三人山)으로 가는 길목에 있는 오정리에서 대방리로 접어드는 방법이고, 다른 하나는 북면 사거리에서 신작로를 따라서 바로 마을의 비석이 세워진 입구로 들어오는 방법이다. 전자의 방법으로 마을로 들어서는 길에서는 북면에서 가장 높은 산인 삼인산을 멀리 볼 수 있다. 산의 이름은 산의 모양이 세 개의 사람 人자로 보여서 붙여진 것이다. 이 산을 마주 보고

마을의 당산나무

서 있는 마을로 들어서면 마을 앞에 느티나무 숲이 보인다. 50여 그루로 구성된 느티나무 군락은 마을이 밖으로 쉽게 노출되는 것을 방지하기 위한 기능을 한다. 마을 사람들은 소위 풍수의 비보(備補) 역할을 수행하고 승지가 될 수 있도록 마을 숲을 조성하였다.

마을 숲 옆의 계단상의 경지를 지나면 마을의 입구에 들어선다. 마을의 중심 길은 그 입구에서 양쪽으로 길게 펼쳐져 있다. 마을 입구를 기준으로 왼쪽의 높은 쪽이 윗말, 그리고 오른쪽의 낮은 쪽이 아랫말이다. 먼저 아랫말로 가면 처음으로 접하는 것이 느티나무 동수다. 약 500여 년의 수령을 가진 느티나무로서 마을의 당산나무다. 이제 마을에서 당산제를 지내지는 않지만 여전히 마을의 지킴이로 받아들여지고 있음은 분명하다. 그 동수 옆에 마을 회관이 있고, 회관 앞으로 마을 길이 펼쳐져 있다. 이 길을 골목길로 부르기엔 다소 넓으므로 마을 길로 부르는 것이 보다 정확한 표현일 것이다. 그 느티나무를 지나면 마을의 돌담이 나온다. 이곳의 돌담은 말 그대로 돌로만 이루어져 있다. 세월의 무게를 담은 검은 돌들이 켜켜이 쌓여 있다. 그 길 왼편으로는 대나무 숲이 보이고 마을 길은 그곳에서 더욱 넓어진다. 길가에는 약 70센티미터의 높이로 가지런히 돌담을 쌓아 두었다. 최근에 마을 사람들이 차량 통행을 원만하게 하기 위하여 길가의 대나무 숲을 걷어 내서 마을 길을 더 넓게 확장한 후에 쌓아 둔 돌담이다.

이 마을의 돌담은 마을 공동체의 산물이다. 마을 사람들이 함께 힘을 합쳐서 일을 하는 울력을 통하여 돌담을 만들었다. 전통 마을에서는 마을의 대소사를 처리하는 데 서로 힘을 합하여 선을 이룩해 내는 아름다

운 모습인 울력이 아직도 계승되고 있었다. 정씨 집성촌을 형성하고 있는 마을 사람들은 모두가 일가친척이었다. 그래서 너나 할 것 없이 모여서 마을 일에 힘을 보태어 돌담을 쌓았다. 처음 돌담을 쌓을 때 마을의 선조들이 그렇게 했을 것이고, 마을에 살고 있는 후세들도 같은 마을에 산다는 소속감을 가지고서 선조들을 닮아 가려고 하고 있었다. 아직 마을 길을 넓히고 돌담을 쌓는 울력이 모두 끝난 것은 아니지만, 마을의 일을 함께 해결하는 수고로움을 마을 사람들이 기꺼이 감당하는 모습을 엿

볼 수 있다.

울력으로 건축한 돌담의 맞은편에는 개인이 지은 전원 주택의 돌담이 있다. 돌담을 건축한 지 얼마 되지 않고 돌을 산에서 인위적으로 캐 온 지 오래되지 않아서 불그스레한 화강암의 색깔이 선명하고 싱싱해 보인다. 마을 길을 가운데 두고서 개인이 만든 돌담과 마을 사람들이 울력으로 세운 돌담이 대조를 이루고 있다. 울력으로 쌓은 마을 돌담은 그 높이가 낮은 반면, 개인이 만든 돌담은 2미터를 훌쩍 넘길 정도로 높다. 전자는 돌담의 재료에 그 동네의 돌을 이용했지만, 후자는 마을 밖의 다른 곳에서 사 온 돌을 이용했다. 그리고 전자는 마을 전체를 위한 것이어서 공동체적인 측면이 강한 반면, 후자는 높이를 높여서 개인의 사생활을 보호하려는 의도가 강하고 사적 공간을 지켜 주는 역할을 한다. 그러기에 전자는 마을 사람들과의 조화를 꾀하면서 우리들의 성을 쌓지만, 후자는 개인주의적인 삶을 강하게 추구하며 자기만의 성을 쌓는다. 전자는 협동이 재산이라면, 후자는 자본이 재산이다.

마을 공동체는 점점 전자에서 후자로 변모해 가고 있다. 농촌 마을은 이제 소유의 개념이 강해지고 있으며 농업 등을 통한 삶의 장소에서 도시민들이 여가와 전원 생활을 영위하는 장소로 변해 가고 있다. 마을 길도 공동체의 삶을 위한 공유 공간에서 단지 각자의 집으로 가는 통로로 전환되고 있다. 마을의 골목길은 주민들이 길 위에서 삶을 공유하는 대상이기보다는 마을을 떠난 사람이나 마을 노인들이 길 위의 경험과 추억을 반추하는 곳이 되고 있다.

울력 공사로 만든 돌담이 시작하는 지점에서 안쪽으로 들어가는 골목이 있다. 이 골목에는 검은 돌에 이끼가 낀 돌담이 30여 미터 이어진다. 다시 내려가면 또 다시 큰 길에서 작은 골목으로 이어지는 길이 나타난다. 이와 같이 골목은 공동의 길인 마을 길에서 개인의 길로 접어드는 지점에서 시작한다. 그래서 골목은 짧고 좁은 편이다. 이런 의미로 사용되기 시작한 골목길이 지금은 좁은 길을 의미하는 보통 명사로 그 의미가 확대되고 있다.

아랫말에서 다시 윗말로 가면 윗말에는 아랫말보다 구불구불한 S자형의 골목이 많다. 굽은 골목이 많다는 것은 그 원형이 잘 보전되어 있음을 의미한다. 윗말은 아랫말보다 먼저 정착하였고 마을의 경사도가 보다 심하기 때문에 그 원형이 잘 보전되어 있는 것으로 보인다. 마을의 초기 입지 지점은 경사가 좀 있는 곳이다. 그것은 배수가 잘 되고, 천수답에서 용수를 이용하기 좋은 장점을 지녔기 때문이다. 마을의 지형에 집과 삶을 맞추어 살던 모습이 남아 있기 때문에 골목길이 구불구불하다.

이곳의 돌담에도 담쟁이넝쿨과 마삭줄이 많다. 이들은 돌담을 넘어서 보다 햇볕이 많은 곳으로 줄기와 잎을 펼치고 있다. 그래서 햇볕이 드는 곳은 잎이 무성하고 그 반대쪽은 상대적으로 잎이 적다. 돌담 안쪽에는 주인이 심은 감나무, 대나무, 호박 넝쿨, 매화나무, 장미 등이 자라고 있다. 그 키는 담장을 훌쩍 넘고도 남는다. 그들이 있어서 골목길은 운치가 넘치며 사람들의 이목을 끈다. 이 나무들은 과수원에서 노동 생산성과 토지 생산성을 높이기

위하여 작고 옆으로 퍼지게 길러진 것들이 아니다. 그저 하늘 높이 솟구쳐서 위로 자라고 있다. 더욱이 최근에는 이 나무의 열매를 따먹을 사람도 적어서 더욱 가지를 손보는 일이 어렵게 되었다. 그리고 돌담의 밑과 옆에는 봉숭아와 무궁화도 피어 있다. 담벼락에 붙어서 세인들의 발길에 차이는 것을 용케도 피한 봉숭아를 보는 순간 불현듯 "울 밑에 핀 봉선화야 네 모양이 처량하다."라는 봉선화의 노랫말이 생각난다. 그러나 이 담 밑의 봉선화는 일제 강점기의 우리네 신세마냥 처량해 보이지는 않는다. 도시로 떠난 사람에게는 추억을 반추할 수 있기에 이 모습이 멋있어 보인다. 마을 안의 경관도 그것을 보는 사람의 시대적 상황과 개인적 처지에 따라서 그 느낌과 감상이 달라짐을 새삼 확인해 본다.

아랫말과 같이 윗말에서도 도랑을 복개하여 마을 길로 사용하고 있다. 길가에 있는 마을 주민들의 땅을 도로로 편입시키지 않고서 좁은 마을길을 넓게 만드는 데 가장 손쉬운 방식이 도랑을 복개하는 것이다. 아직 포장이 되지 않은 길도 있다. 삼인산 자락에서 마을로 흘러 내려가는 도랑의 일부를 공개하여 그 옆에 콘크리트로 계단과 빨래터를 만들어 두었다. 빨래터에 비눗물 자국이 하얗게 남아 있는 것을 보면 이 빨래터는 현재도 사용 중이다. 이 빨래터는 새마을운동의 결과로서 우물이 많지 않았던 시대의 공동 작업장이었다. 아낙네들은 자기 집의 빨래감을 빨래통에 담아 와서 이곳에서 빨래를 하였다. 과거 빨래터는 아낙네들이 빨래를 하면서 수다도 떨고 정보도 교환하고 스트레스도 풀던 장소였다. 아직도 이곳은 빨래터로서의 명맥을 겨우 유지해 가며 노인들에게만 간간이 사용되고 있다.

대방리 골목길의 백미는 돌담의 변화 과정을 보여 준다는 점이다. 골목길을 따라서 걷다 보면, 양쪽으로 길을 따라서 늘어선 담을 볼 수 있다. 이 담에 가장 큰 변화를 준 시기는 새마을운동 때이다. 이 마을의 골목은 새마을운동 이후 골목길과 그 담의 진화 과정을 잘 보여 준다.

첫 번째 담의 진화는 돌담 자체의 변화다. 즉, 담의 재료가 전면적으로 변한 경우가 이에 속한다. 골목길의 집주인은 구시대의 산물인 자기 집의 돌담을 모두 무너뜨리고 블록 벽돌로 새롭게 담을 만들었다. 대체로 담은 벽돌을 세로로 세워서 8단 정도를 쌓아 올리면 성인들의 눈높이보

○ 골목과 돌담의 변형 | ○ 벽돌담 골목 | ○ 돌담과 벽돌담의 만남

다 높게 올라간다. 그리고 블록 벽돌의 바깥쪽 면은 고운 시멘트로 덧칠을 하기도 한다. 때로 타인들에 대한 배타성을 보다 강하게 하기 위해서는 그 덧칠 위에 시멘트 반죽을 강하게 뿌려서 담벼락에 요철을 만들기도 한다. 이것은 아이들이 담벼락에다 낙서를 하거나 담에 기대어 노는 것 등을 방지하기 위함이다. 큰 길가의 담벼락은 페인트칠을 하여 보다 현란해지거나 요란해진다. 담이 긴 경우에는 중간에 블록 벽돌을 4~5단 정도로 덧대서 담을 지탱해 주기도 한다. 이와 같이 새마을운동 이후에 마을의 돌담을 모두 헐어내고 그곳에 새로운 벽돌담을 만드는 것은 옛것을 버리고 새것을 받아들임을 의미하기도 하고, 비용 부담이 커서 부의 상징이 되기도 하였다.

두 번째 담의 진화 형태는 돌담을 새롭게 만든 담의 하부구조로 활용하는 방안이다. 돌담은 대부분 안정감을 갖추기 위하여 하부는 넓고 상부는 상대적으로 약간 좁게 만든다. 기존의 이 낮은 돌담 위에다 새마을운동 이후에 유행한 콘크리트 벽돌을 2단 정도 쌓는다. 그래서 아래는 돌담이고 위는 벽돌담이라는 불균형의 구조를 갖춘, 한 지붕 두 가족의

◎ 개축한 돌담 | ◎ 돌담 위에 쌓은 벽돌담 | ◎ 돌담 위의 벽돌담

모양이 된다. 이 형식은 돌의 특성상 담의 높이를 높이 올리지 못해서 사생활 등을 보호하지 못하는 문제를 해소해 줄 수 있다. 시골집 앞마당에 고무 대야를 놓고서 등목도 하고 속옷만 입고 다닐 정도로 사생활을 보장받을 수 있게 벽돌담으로 담을 높게 하였다. 이 방안은 담의 건축 비용이 저렴하다는 장점이 있다. 담을 쌓는 데 한꺼번에 목돈이 들지 않기에 이 마을의 대부분 주민들은 이 방식을 취하고 있다. 아마도 도회지에서 공부하는 자식 학비 등에 우선적으로 돈을 써야 하기에, 담장을 고치거나 새로 단장하는 데 그 큰돈을 들일 경제적, 심리적 여유가 없었을 것이다.

세 번째 담의 진화 형태는 돌담이 축사나 창고의 축대 역할을 겸하는 것이다. 과거 시골의 농사일은 마당에서 이루어졌다. 탈곡을 한 후에는 마당에 임시 저장소를 만들어 벼를 보관하기도 하였다. 그러나 새마을운동 이후 마을의 농업 활동이 활발해지면서 각종 농기구를 보관할 창고를 짓기 시작하였다. 또한 논농사나 밭농사만이 아닌 가내 축산업도 겸하게 되었다. 즉, 농사를 지을 때 노동력 대신에 소를 이용하였기에 소의 축사를 마당에 지었다. 이럴 때는 보통 기초 공사를 튼튼히 하여 건물을 짓기보다는 기존의 담을 이용하여 가건물 형태로 창고나 축사를 지었다. 그

때 땅이 넓지 않기 때문에 가능한 담에 붙여서 건물을 지었다. 그래서 집의 경계선인 돌담 위에 벽돌이나 토담을 세우거나 돌담 위에 직접 서까래를 걸어서 건물을 만들었다. 이렇게 만든 건물은 창고, 축사, 화장실 등의 다용도 건물로도 사용되었다. 그 흔적들이 이 마을의 골목에서는 아주 많이 나타난다.

네 번째 담의 진화는 새로운 주택 건설시 돌담을 미관용으로 활용하는 방식이다. 집을 지을 때 돌담 자체가 주는 멋을 활용하여 이를 건물의 외장재로 활용한다. 최근 이 마을의 골목에는 외지인들이 땅을 사서 그곳에 집을 짓는 경우가 많아졌다. 이들은 충분한 자본을 바탕으로 높고 큰 집을 지으면서 돌담의 장식성을 활용하여 집의 외장을 더욱 아름답게 만들었다. 이때의 담은 경계를 나누거나 다른 담을 이어 주는 연결 고리의 역할을 전혀 하지 못한다. 다만 주인의 미적 감각에 따라 집의 외부 장식을 도와주는 기능만을 수행한다.

담은 이런 방식으로 마을에서 진화를 거듭하고 있다. 그 진화의 모습이 어떻게 나타나든지 마을 골목길에 있는 담은 주민들의 추억을 담은 곳임에 틀림없다. 돌담은 시대에 따라서, 그리고 그곳에 사는 사람들의 생각에 따라서 변화한다. 하지만 돌담은 기능성을 중시했든 장식성을 중시했든 간에 그곳에 사는 사람들의 추억을 소중히 간직하고 있는 대상이다. 마을을 찾는 외지인들도 주민들과 함께 이 마을에서 돌담에 대한 추억을 공유하길 바라는 마음이다.

윗말의 골목길이 끝나는 지점에는 죽향림(竹鄕林)이라는 전원 주택이 들어서 있다. 전원 주택의 담장도 돌담이다. 아직 택지가 분양되지 않은 곳에는 풀이 무성하지만, 그 풀 사이로 돌담이 택지의 경계를 확인시켜 주고 있다. 전원 마을은 전통 마을과는 달리 집의 규모가 크고 시설이 편리하고 집주인의 직업도 다양하다. 이 집들에는 농촌에서 보기 힘든 어린 자녀들도 있다. 이 마을에는 입주자들에게 텃세를 부릴 만한 사람들도 없다. 나중에 들어온 자들이 돌담을 사이에 두고서 먼저 그곳에서 살아온 자들과 함께 삶을 나누는 지혜가 넘치길 기대한다.

대방리에는 돌담으로 구성된 골목길이 있다. 마을 안길과 그 안길에서 갈라진 골목길이 세월의 무게를 담아 내고 있다. 오랫동안 마을을 지킨 골목이 살아 있고, 새롭게 전원 주택으로 개발된 택지 내에도 돌담이 쌓

전원주택지의 돌담

마을 골목길

여 있다. 마을에는 주변의 산세와 돌담이 잘 어울리는 아름다운 마을 숲도 있다. 또한 마을 공동체가 함께 만든 골목을 맛볼 수 있는 곳이기도 하다. 다시 말하여 대방리에서는 마을 주민들이 울력을 통하여 골목길을 조성하고, 다시 이 골목길을 마을 길로 확장하는 모습을 볼 수 있다. 마을 사람들이 협력하여 골목길이라는 마을 경관을 만들어 내고 있다. 또한 골목길을 이루고 있는 경관인 돌담이 다양한 모습으로 변형된 구조가 잘 보존되어 있다. 그리고 새마을운동이라는 근대화를 겪으면서 담이 진화하는 과정과 돌담을 축대나 집의 벽으로 적절하게 활용하고 있는 모습도 볼 수 있다. 마을의 도랑에는 공중 빨래터가 형성되어 있고 지금도 사용 중인데, 이것은 마을 공동체의 한 모습이다. 하지만 골목길이 개인에 의해서 지나치게 자기중심적으로 변형되면 마을 공동체를 약화시키기도 한다.

마을의 골목길은 마을 주변의 관광지와 연계하면 더욱 빛을 발할 수 있다. 마을에서 가까운 삼인산, 유원지, 수북학구당 등과 연계해서 마을 숲과 골목과 돌담의 진화 과정 등을 소개하는 경우에는 생태 문화 관광을 이끌 수 있다. 대방리라는 마을 자체가 가진 컨텐츠를 활용하여 전통 마을의 구조, 길, 생활, 그리고 전통 마을의 전원 주택화 등을 경험하게 해 줄 수 있다. 마을 이름인 대방이 큰 배를 의미하기에 배의 형국을 토대로, 그리고 마을의 역사와 생활 모습 등을 토대로 마을 스토리텔링도 엮어 낼 수 있다. 그리고 근대화 이후로 성장이 멈춘 농촌 마을의 모습을 통하여 골목길 위에서 미래 농촌의 비전에 대해서 함께 고민할 수 있길 기대해 본다.

골목은 위기에 처해 있다. 도시에서는 재개발이, 그리고 농어촌에서는 인구 감소라는 요인이 골목을 사라지게 하는 주범이다. 골목은 도시에서 빠른 속도로 사라지고 있다. 골목은 "더 빠르게, 더 넓게, 더 높게 그리고 더 곧게"라는 세태에 밀려나 버렸다. 도시는 골목을 모두 밀어버리고 높디높은 아파트의 숲으로 변하고 있다. 사는 데 좀 불편하기는 했어도 결코 부끄럽지 않은 삶을 담아내준 골목이 우리들로부터 사라지고, 더욱 멀어지고 있는 것이다.

골목이 우리 사회에서 사라질지라도, 골목이 지닌 문화는 우리 곁에 남아 있다. 그것은 골목의 공동체 문화다. 김용재는 "골목은 공동체 문화가 숨을 쉰다. 골목은 분명 한 집 한 집에 대한 경계를 짓고 있지만, 두 집이 공유하는 공동 공간의 기능도 한다. 옆집 마당과 우리 집 마당을 분명하게 구분하면서도 공유 공간의 연속성을 띠고 있다. 그러기에 사람의 접촉이 잦고 '나'보다 '우리' 개념이 더 강하다. 골목은 사유 공간의 완충지대다. 골목은 내 것도 네 것도 아닌 우리의 것이다. 공동체 문화가 숨을 쉬는 이유가 바로 여기에 있다"(김용재, 『이구백 시대에도 희망은 있다』, 신아출판사, 2008, 42)라고 했다. 그렇다. 골목에는 우리라는 공동체 개념이 있다. 골목은 가릴 것 없이 더불어 사는 삶을 이어온 자들의 동지의식이 있는 곳이며, 끼리끼리 어깨를 나누며 살아가는 모습이 있는 곳이며, 작은 생명에도 눈길을 나누어 주는 따스함이 있는 곳이며, 함께 하는 삶은 더디지만 그 나름의 정겨움과 신바람이 있다는 것을 아는 동네다.

골목에는 바람보다 먼저 누울 수는 있어도 결코 쓰러지지 않는 생명력이 있다. 골목에 사는 사람들은 그 질긴 생명력에 의지해서 당장의 생활이 힘겨워도 내일의 소망을 갖고 살아간다. 가파르고 좁은 길을 오가면서도 마음만은 세상과 미래와 소통을 나누고 살아가는 소시민들이 바로 그들이다. 우리라는 인식을 가진 고만고만한 사람들이 모여서 삶이 지치고 힘들지라도 결코 쓰러지지 않고 그들의 삶을 이어간다. 때때로 골목에는 거친 목소리도 있다. 삶의 고단함으로 인한 일시적인 거침이다. 그러기에 골목은 사람 사는 곳이다.

골목에도 일상이 있다. 어제의 일상이 오늘로 이어지고, 오늘의 일상이 내일로 이어진다. 잠자고 나면 아침밥 먹고 저마다의 삶터로 나가서, 해가 지면 다시 골목길을 따라 쉼터로 되돌아오는 것이 그들의 일상이다. 또한 골목에는 누구에게나 일어나는 인간의 생로병사와 희로애락이 있다. 골목이기에 특별할 것도 없고 특별하지도 않다. 남들 사는 만큼 꼭 그 정도로 살아가는 삶이 골목에 있다. 그 모습을 보기 위하여 다시 골목으로 나선다.

골목에서 이런 삶의 모습을 나누어준 분들께 감사하고 싶다. 마당에서 금방 담근 배추 김치에 돼지고기를 싸주시던 영산포 골목의 할머니들, 막걸리 한 사발을 사주시며 동네 안내를 기꺼이 해주시던 삼지천의 주민들, 검은 봉지 속에서 불쑥 감을 꺼내주시던 할머니, 시원한 물 한 사발을 떠주시던 담주리 골목길 입구에 사는 할머니, 마을 자랑에 시간 가는 줄 모르시던 동네 모정의 할아버지들, 골목길을 넓혀 달라고 글을 써주길 바라던 천변리의 아주머니들, 나 같은 늙은 사람을 사진 찍어서 뭐하냐고 한사코 손사래를 치면서도 예쁘게 찍어달라고 하시던 말바우 시장의 아주머니들께 한없이 고마운 마음을 전한다. 그리고 골목에서 발품을 팔며 골목의 삶과 문화에 관심을 갖게 해 주신 전남대학교 박철웅 교수님과 광주광역시의 지역문화교류호남재단 관계자 여러분, 끝으로 이 책을 아름답게 편집하고 제작해 준 (주) 푸른길의 관계자들께 진심으로 감사하다는 말씀을 드린다.

2010년, 가을로 가는 길목에

이경한

참고문헌

권영서, 2009, 『나는 골목에 탐닉한다』, 갤리온.

김기홍 · 이애란 · 정혜진, 2008, 『골목을 걷다: 이야기가 있는 동네 기행』, 이매진.

김대홍, 2008, 『그 골목이 말을 걸다』, 넥서스BOOKS.

김동성, 1998, "추억의 골목길", 『도시문제』, vol.33, no.359, 138~140.

김신중 외, 2009, 『누정』, 담양문화원.

김용재, 2008, 『이구백 시대에도 희망은 있다』, 신아출판사.

김홍중, 2008, "골목길 풍경과 노스탤지어", 『경제와 사회』, 봄호(통권 제77호),139-168.

광주직할시, 1991, 『광주동연역지』, 광주직할시.

광주광역시 동구, 2007, 『구정 백서』, 광주광역시 동구.

광주광역시 동구청, 『동구의 뿌리를 찾아서』, 광주광역시 동구청.

광주광역시 동구청 홈페이지.

광주광역시 북구청 홈페이지.

담양군청 홈페이지(www.damyang.go.kr).

담양군, 2002, 『담양군지』.

유홍준, 1997, 『나의 문화유산답사기』, 창작과 비평사.

이병학 · 김성대, 2009, 『우리 땅 남도 맛 이야기』, 북마크.

임석재, 2006, 『서울, 골목길 풍경』, 북하우스.

정약용, 『자산어보』.

최성각, 2005, "길에 관한 다섯 가지 허튼소리", 『환경과 생명』, vol.44, 34~42.

골목길에서 마주치다

초판 1쇄 발행　2010년 10월 11일

지은이　　이경한

펴낸이　　김선기
펴낸곳　　주식회사 푸른길
출판등록　1996년 4월 12일 제16-1292호
주소　　　(137-060) 서울시 서초구 방배동 1001-9 우진빌딩 3층
전화　　　02-523-2009
팩스　　　02-523-2951
이메일　　pur456@kornet.net
블로그　　blog.naver.com/purungilbook
홈페이지　www.purungil.com, 푸른길.kr

ISBN 978-89-6291-141-1　03980

이 도서의 국립중앙도서관 출판시도서목록(CIP)은 e-CIP홈페이지(http://nl.go.kr/ecip)에서
이용하실 수 있습니다.(CIP제어번호: CIP2010003455)